新时代智库出版的领跑者

国家智库报告 2025（5）
National Think Tank

国 家 治 理

人工智能的
文明挑战与应对

彭绪庶　端利涛　李一　著

CIVILIZATIONAL CHALLENGES AND RESPONSES
OF ARTIFICIAL INTELLIGENCE

中国社会科学出版社

图书在版编目（CIP）数据

人工智能的文明挑战与应对 / 彭绪庶，端利涛，李一著. -- 北京：中国社会科学出版社，2025.4.
（国家智库报告）. -- ISBN 978-7-5227-4937-2

Ⅰ. TP18

中国国家版本馆 CIP 数据核字第 2025SU6536 号

出版人	赵剑英
责任编辑	黄 晗
责任校对	闫 萃
责任印制	李寡寡

出　　版	中国社会科学出版社
社　　址	北京鼓楼西大街甲 158 号
邮　　编	100720
网　　址	http://www.csspw.cn
发 行 部	010-84083685
门 市 部	010-84029450
经　　销	新华书店及其他书店
印刷装订	北京君升印刷有限公司
版　　次	2025 年 4 月第 1 版
印　　次	2025 年 4 月第 1 次印刷
开　　本	787×1092　1/16
印　　张	12.25
字　　数	115 千字
定　　价	65.00 元

凡购买中国社会科学出版社图书，如有质量问题请与本社营销中心联系调换
电话：010-84083683
版权所有　侵权必究

前　言

"这是一个最好的时代,也是一个最坏的时代"。

一百多年前英国文学家狄更斯描述第一次工业革命后时代的感叹,在以数智化为主要特征的第四次工业革命到来之际似乎再次应验了。从一鸣惊人的ChatGPT到超过ChatGPT的中国人工智能大模型DeepSeek,生成式人工智能创新一再让世界惊叹不已。因为"生成式人工智能给科学发展和进步带来的巨大改变"①,《自然》遴选ChatGPT作为第一个非人类上榜2023年十大科学人物。一方面,通用人工智能创新快速迭代,自动驾驶、远程医疗和新娱乐等智能产业蓬勃发展,为疫后世界经济复苏与可持续增长注入了新动能,人工智能正在深刻改变科学范式、生产范式和人民生活方式,为人类未来展示了一幅前所未有的美好图景;

---

① 自然:《2023年度十大人物》,https://www.nature.com/immersive/d41586-023-03919-1/index.html。

另一方面，无数少年沉迷于游戏和社交媒体而无法自拔，无数成人为网络信息和社交媒体所左右而不自知，众多劳动者因为即将被人工智能所替代而焦虑不已，快递小哥被算法控制而疲于奔命，网络诈骗以假乱真导致"眼见"不为实，无人自主武器已经开始在战场上初试锋芒，看不见硝烟的战争更加神鬼莫测……群雄逐鹿，国家间的"智能鸿沟"山雨欲来风满楼。围绕人工智能的国际竞争狼烟四起，少数国家携技术优势拉帮结派打造"小院高墙"，逆全球化推动全球经济加速分裂……

马克思和恩格斯认为，"文明是实践的事情"[①]，是社会生产力的折射与反映。"文明的一切进步"[②] 都是"社会生产力的任何增长"[③]。技术进步不仅创造了人类的灿烂文明，在从原始文明到农业文明，再到工业文明的形态演进过程中，革命性的技术创新都发挥了至关重要的作用。人工智能的创新突破无疑进一步打开了人类朝向数字文明的大门，加快了迈向数字文明新时代的步伐。

[①] 《马克思恩格斯全集》第一卷，人民出版社1956年版，第699页。
[②] 《马克思　恩格斯　列宁论意识形态》，人民出版社2009年版，第114页。
[③] 《马克思　恩格斯　列宁论意识形态》，人民出版社2009年版，第114页。

以生成式人工智能为代表的通用人工智能的发展表明，人类可能正在经历一个不同于任何历史上的革命性技术创新和工业革命。传统技术都不具有生命和自主能力，创新都是服务人类适应、利用和改造自然的目标。但包括微软创始人比尔·盖茨、特斯拉创始人埃隆·马斯克等近千名人工智能行业专家和科学家在2023年年底签署并联合发起呼吁暂停人工智能大模型训练的公开信①中则指出，"强人工智能可能代表了地球生命史上的深刻变化"。因此，人工智能不仅更容易导致科技异化，其"创造性破坏"更具威胁性，具有自主意识和行动能力的人工智能甚至还可能与人类竞争、替代人类、攻击人类，"对社会和人类构成深远的风险"。

这并非危言耸听。2016年6月18日的《经济学人》封面文章②曾发出疑问，"人工智能会导致大面积失业甚至让人类灭绝吗？"尽管人工智能对人类文明发展的红利远大于其风险挑战，但与2016年相比，通用人工智能技术已实现巨大突破，正在迈向"技术奇点"，更应当抱着"士别三日刮目相看"的心态慎重

---

① Future of life, "Pause Giant AI Experiments: An Open Letter", https://futureoflife.org/open-letter/pause-giant-ai-experiments/.

② The Economist, "Artificial Intelligence: The Return of the Machinery Question", https://www.egr.msu.edu/aesc310/resources/bigdata/Artificial%20Intelligence%20Report%20June%202016.pdf.

对待。在回答 CNN 是否具备大规模采用的条件时，ChatGPT 也强调"持续努力解决道德、社会和监管挑战对于负责任和有益的大规模采用至关重要"①。

莎士比亚曾说过，"有一千个读者就有一千个哈姆雷特"。不同读者对文明的理解亦是如此。本报告虽然从几个方面探讨了人工智能可能引起的消极影响，由于文明涉及的领域过于庞杂，技术与文明的关系又极其复杂，通用人工智能仍处于快速创新迭代过程中，因此本报告并非严格意义上的研究人工智能对文明发展的挑战问题，更多的是在提出问题，目的是"抛砖引玉"，希望能引起各界的警醒与重视。本报告研究仅仅是初步尝试，由于水平和能力有限，难免存在疏漏差错之处，恳请读者批评指正。

本报告是中国社会科学院重大创新项目"数字文明与中华民族现代文明关系研究"的阶段性成果，也是集体合作的成果，由我负责提出写作大纲，其间经过几次讨论，由我和端利涛负责修改统稿。各章具体撰稿人如下：

第一章：李　一　彭绪庶

第二章：彭绪庶

第三章：张宙材

---

① CNN,"AI is not Ready for Prime Time", https://edition.cnn.com/2024/03/10/tech/ai-is-not-ready-for-primetime/index.html.

第四章：郭　涛
第五章：端利涛
第六章：李　一　张　笑
第七章：张　笑　彭绪庶
第八章：彭绪庶

彭绪庶

2025 年 1 月

摘要： 人工智能是一项广泛涵盖多个学科的综合性科学技术，旨在构建能够模仿人类智能的计算机系统。文明体现了技术进步驱动形成的人类从物质到文化、精神和制度等社会进步状态。技术进步是推动文明进步的根本驱动力，但创新具有二重性，尤其是颠覆性创新可能会产生"异化效应"，会导致"创造性破坏"。人工智能在给经济社会发展带来前所未有的新机遇的同时，也给就业、平等、法律秩序、安全等人类文明发展带来巨大挑战。

技术进步对就业有着复杂影响。人工智能对就业的影响与行业类型和劳动者的技能有关，但多数研究认为，人工智能的就业替代效应超过创造效应，部分行业可能因此消失，劳动力市场呈现"两极分化"趋势。此外，人工智能发展导致技能需求变化，职业技能与市场需求之间的错配问题加剧，这在发达经济体尤为突出。

人工智能发展进一步加剧了"智能鸿沟"。不同部门和岗位因技能要求差异加大收入分配不均，人工智能的技术红利集中于管理层和技术所有者，使资本收入占比上升，劳动收入份额相应下降。发达国家更容易获取和应用人工智能。全球范围内，人工智能专利数量与国家基尼系数密切相关。

人工智能系统可能引发数据偏见、算法偏见、系统偏见及人工智能意识问题。数据偏见可能引发社会不公平、歧视性决策、侵犯个人隐私等问题。算法偏见则可能引发社会不公平和不平等现象，损害特定群体的权益，导致公共信任危机。系统偏见可能导致风险发生或社会福利损失的情况。意识问题则是人工智能体现出超越人理解或控制、做出类似于人类意识的自主行为。

人工智能在颠覆传统生活方式的同时，也必然影响现行法律维护的社会文明秩序，包括可能助推信息数据的违法采集与滥用，催生和助长新型违法犯罪形态等。现有法律体系无法解释人工智能的自主行为，人工智能发展将对现有法律体系运行提出诸多挑战，包括人工智能法律地位问题、人工智能训练数据侵权问题、人工智能生成物的知识产权归属、收益分配和产权保护问题等。

人工智能是保障国家安全的有力武器，但也带来巨大风险和挑战。从政治安全来看，人工智能的发展模糊了国家主权边界，数据、算法和平台成为新的权力来源，技术被资本掌控可能削弱国家对数据与技术的控制。从意识形态安全来看，人工智能使用算法强制性采集和分析用户数据，可能导致垄断话语权，影响公众价值观，弱化主流意识形态。从经济安全来看，人工智能可能导致金融数据泄露，加剧市场不公平竞争，甚至被用于攻击国家关键基础设施。从科技安全来看，人工智能技术优势可能催生技术霸权。从军事安全来看，人工智能拓展了战场空间，智能武器正在引发军事革命，未来战争更加不可预测。

考虑到技术与经济社会共生的复杂性，不应忽视人工智能的风险与挑战。第一，应构建系统性治理框架，实现全生命周期管理，建立政府与企业的双层监管体制，并开展人工智能监管沙盒试验。第二，要倡导"智能向善"，强化企业责任，加强人工智能伦理审查和多方协同治理。第三，需要从法律、管理和技术三方面入手，加快人工智能立法，完善数据基础制度，加强数据安全、算法监管与技术保障。第四，需要加强全球人工智能治理合作，缩小国家间"智能鸿沟"。第五，要努力提高全民数字素养与技能，尤其要对高校师生、青少年、老年人、农村居民和农民工等重点群体加强宣传教育和培训，提升人工智能知识和技能。

关键词：人工智能；文明；挑战；应对

Abstracts: Artificial intelligence (AI) is a comprehensive scientific technology that covers multiple disciplines and aims to build computer systems that can mimic human intelligence. Civilization embodies the social progress of humanity, driven by technological progress, from material to cultural, spiritual, and institutional aspects. Technological progress is the fundamental driving force behind the advancement of civilization, but innovation has a dual nature, especially disruptive innovation that may produce "alienation effects" and lead to "creative destruction". AI brings unprecedented new opportunities to economic and social development, but also poses enormous challenges to human civilization development such as employment, equality, legal order, and security.

Technological progress has a complex impact on employment. The impact of AI on employment is related to industry types and workers' skills, but most studies believe that the employment substitution effect of AI exceeds the creation effect, and some industries may disappear as a result, leading to a trend of "polarization" in the labor market. In addition, the development of AI has led to changes in skill demand, exacerbating the mismatch between vocational skills and market demand, which is particularly prominent in developed economies.

The development of AI has further exacerbated the 'intelligence gap'. Due to differences in skill requirements among different departments and positions, income distribution is uneven. The technological dividends of AI are concentrated in management and technology owners, resulting in an increase in the proportion of capital income and a corresponding decrease in the share of labor income. Developed countries have easier access to and application of AI. The number of AI patents is closely related to the Gini coefficient of countries worldwide.

AI systems may lead to data bias, algorithm bias, system bias, and AI awareness issues. Data bias may lead to social inequality, discriminatory decision-making, and infringement of personal medical information privacy. Algorithmic bias may lead to social inequality and inequality, harm the rights of specific groups, and result in a crisis of public trust. Systemic bias may lead to the occurrence of risks or loss of social welfare. The issue of consciousness refers to the autonomous behavior of AI that transcends human understanding or control, and takes decisions similar to human consciousness.

While AI is disrupting traditional lifestyles, it will inevitably affect the social civilization order maintained by current laws, including the possibility of promoting illegal collection and abuse of information data, and giving rise to and promoting new forms of illegal and criminal activities. The existing legal system cannot explain the autonomous behavior of AI, and the development of AI will pose many challenges to the operation of the existing legal system, including issues related to the legal status of AI, infringement of AI training data, intellectual property ownership, profit distribution, and property protection of AI generated products.

AI is a powerful weapon for safeguarding national security, but it also brings enormous risks and challenges. From a political security perspective, the development of AI blurs the boundaries of national sovereignty, with data, algorithms, and platforms becoming new sources of power. The control of technology by capital may weaken the state's control over data and technology. From the perspective of ideological security, the use of algorithms by AI to forcibly collect and analyze user data may lead to monopolizing discourse power, affecting public values, and weakening mainstream ideology. From an economic security perspective, AI may lead to financial data breaches, exacerbate unfair market competition, and even be used to attack critical national infrastructure. From the perspective of technological security, the advantages of AI technology may give rise to technological hegemony. From the perspective of military security, AI has expanded the battlefield space, intelligent weapons are triggering a military revolution, and future wars are even more unpredictable.

Considering the complexity of the symbiotic relationship between technology and the economy and society, the risks and challenges of AI should not be ignored. Firstly, a systematic governance framework should be established to achieve full life cycle management, establish a dual layer regulatory system between the government and enterprises, and conduct AI regulatory sandbox experi-ments. Secondly, we should advocate for "intelligence for good", strengthen corporate responsibility, enhance ethical review of AI, and promote multi-party collaborative governance. Thirdly, it is necessary to accelerate the legislation of AI, improve the data infrastructure system, strengthen data security, algorithm supervision, and technological support from three aspects: law, management, and technology. Fourthly, it is necessary to strengthen global cooperation in AI governance and narrow the intelligence gap between countries. Finally, efforts should be made to improve the digital literacy and skills of the entire population, especially by strengthening publicity, education, and training for key groups such as university teachers and students, teenagers, the elderly, rural residents, and migrant workers, in order to enhance their knowledge and skills in AI.

Key words: Artificial Intelligence; Civilization; Challenge; Response

目　　录

一　人工智能及其技术经济特征 ……………………（1）
　　（一）人工智能的概念辨析………………………（1）
　　（二）人工智能技术经济特征……………………（8）
　　（三）人工智能发展趋势 ………………………（13）

二　人工智能、技术与文明 ………………………（20）
　　（一）文明的内涵与类型 ………………………（20）
　　（二）技术与文明 ………………………………（25）
　　（三）人工智能为什么会冲击人类
　　　　　文明？ ………………………………………（29）

三　人工智能对就业的影响和冲击 ………………（41）
　　（一）技术进步对就业影响的一般机理 ………（41）
　　（二）人工智能影响就业的典型事证 …………（46）
　　（三）人工智能就业冲击的体现 ………………（50）

（四）人工智能就业冲击的原因与
经济机理 …………………………（53）

四 人工智能、"智能鸿沟"与收入不平等 ……（60）
（一）人工智能发展引发日益扩大的
"智能鸿沟" ………………………（60）
（二）全球经济体收入不平等程度的
演变趋势 …………………………（63）
（三）人工智能发展加剧收入不平等的
特征事实 …………………………（67）
（四）人工智能发展加剧收入不平等的
初步解释 …………………………（69）

五 人工智能的伦理挑战 ……………………（75）
（一）人工智能的智能生成逻辑 …………（77）
（二）人工智能伦理挑战的类型与成因 ……（78）
（三）人工智能伦理问题案例分析 …………（84）

六 人工智能对法律秩序和法律制度的
冲击与挑战 ………………………………（99）
（一）人工智能相关立法现状 ……………（100）
（二）人工智能对现行法律秩序的冲击 …（103）
（三）人工智能对现行法律体系运行的
挑战 ………………………………（108）

七 人工智能对国家安全的挑战 …………（116）
  （一）人工智能对政治安全的挑战 ………（116）
  （二）人工智能对经济安全的挑战 ………（123）
  （三）人工智能对科技安全的挑战 ………（129）
  （四）人工智能对军事安全的影响
      与挑战 ………………………………（134）

八 积极应对人工智能的风险与挑战 …………（141）
  （一）健全人工智能风险系统治理 ………（141）
  （二）积极弘扬和实践智能向善 …………（144）
  （三）法律、管理和技术"三措"
      并举 …………………………………（147）
  （四）积极参与和主导国际人工智能
      治理合作 ……………………………（150）
  （五）努力提高全民数字素养与技能 ……（152）

参考文献 ……………………………………（155）

一　人工智能及其技术经济特征

习近平总书记指出，人工智能是人类发展新领域，是新一轮科技革命和产业变革的重要驱动力量。[①] 在移动互联网、大数据、超级计算、传感网、脑科学等新理论新技术的驱动下，人工智能呈现类人智慧性、广泛渗透性、要素替代性、普遍赋能性和经济动能性等技术经济特征，很可能将对人类文明发展产生重大而深远的影响。

（一）人工智能的概念辨析

1. 人工智能发展历程的简要回顾

人工智能的发展历程就是人类赋予计算机系统智

[①] 潘教峰：《新一代人工智能给国家治理带来新机遇（观察者说）》，http://theory.people.com.cn/n1/2023/1103/c4 0531-40109350.html。

能算法的过程。智能算法开启了计算机从人为给定命令到能够自主学习的过渡，从某种程度来说，计算机学习的深度等同于其自主性程度。[①] 人工智能的发展历程主要分为以下四个阶段。

第一个阶段是人工智能的发展起步期，主要是在20世纪五六十年代，1956年达特茅斯会议上提出人工智能（AI）的概念后，一些学者相继提出了人工智能的研究方向和发展目标，例如被誉为计算机之父的阿兰·图灵在同时期内提出了判定计算机是否能够表现得像人类一样智能的图灵测试。[②] 此外，科学家们还提出了许多经典的人工智能模型和算法，如逻辑推理、专家系统、规划和搜索等，成为早期人工智能发展的重要理论探索。

第二个阶段是人工智能的缓慢发展期，主要是从20世纪60年代开始，早期的理论探索解决了人工智能发展的基本理论问题，相关研究既不断取得突破性进展，也在初步探索中不断碰壁。20世纪70年代初，随着计算机技术的不断进步和互联网的发展，具有人类知识经验水平的专家系统程序相继问世，人工智能领域取得了例如神经网络和专家系统等一系列重大研究

[①] 王天恩：《人工智能算法的进化及其伦理效应》，《山西师大学报》（社会科学版）2024年第2期。

[②] 姜国睿、陈晖、王姝歆：《人工智能的发展历程与研究初探》，《计算机时代》2020年第9期。

突破，在军事、医疗、金融等领域被广泛应用，标志着人工智能逐步专业化，以及由理论走向实际应用的重大转变。[①] 进入20世纪80年代，人工智能以知识运用为发展中心，强调机器对于知识探索、学习、整理、运用的重要性。[②] 虽然此时的人工智能有所发展，应用规模不断扩大，但囿于计算能力和数据处理能力有限，发展势头趋缓，例如专家系统存在应用领域狭窄、获取知识困难等问题。

第三个阶段是人工智能的稳步发展期，主要是从20世纪90年代开始，互联网技术的普及使人工智能迎来了技术创新的春天。例如人工智能的算力得到了进一步加强，1997年，美国IBM公司推出的超级计算机深蓝凭借着一秒钟计算出上亿步棋的强大算力，轻松击败了国际象棋冠军加里·卡斯帕罗夫。2006年，杰弗里·辛顿提出了深度学习的概念。深度学习作为一种复杂的机器学习算法，远远超过了先前的相关技术，其能够使计算机模仿人类的视听动作、思考人类的活动。

第四个阶段是人工智能的快速发展期，主要是从2011年至今。随着大数据、云计算、物联网、深度学习等新一代信息技术如雨后春笋般兴起，人工智能领

[①] 朱梦珍、尚斌、荣爽等：《人工智能发展历程及与可靠性融合发展研究》，《电子产品可靠性与环境试验》2023年第4期。

[②] 邹蕾、张先锋：《人工智能及其发展应用》，《信息网络安全》2012年第2期。

域迎来了新的发展机遇。大数据为人工智能提供涵盖了各个领域的信息,如商业、科学、医疗、社交等。这些数据成为训练和优化人工智能算法的关键素材。例如2016年,谷歌研发的人工智能系统AlphaGo击败了世界围棋顶尖棋手李世石,次年又以3∶0的成绩击败世界第一的围棋冠军柯洁。人工智能依靠深度学习算法,通过超级服务器集群分析数据,从中提取模式、规律和趋势,图像分类、语音识别、人机对弈、无人驾驶等一系列技术实现突破,大幅缩小甚至是部分跨越了科学与应用之间的"鸿沟",也推动人工智能在众多领域的广泛应用。

2. 人工智能的概念与主要内容

尽管人工智能的概念产生已有半个多世纪,各界对人工智能的理解并不一致。例如,在众多讨论中,人工智能被认为是一种产业,而在更多讨论中,人工智能则被认为是一种技术或者是一类技术。即使是从技术的视角来看,不同学者和机构也有不同看法。例如,图灵认为人工智能是指能与人对话且有可能被误认为是人的机器,人工智能之父明斯基认为人工智能就是实现机器去做只有人才能做的智能工作的科学,[①]

---

① 张阳:《人工智能之父马文·明斯基逝世 科学界巨星陨落》,https://tech.huanqiu.com/article/9CaKrnJTsDp。

而温斯顿则认为人工智能是一种将思维、感知和行动联系在一起的循环的模型。① 纽威尔认为人工智能是一种如同人脑、心灵的物理符号操作系统。② 美国国家标准和技术研究所认为人工智能是一种复合软件和/或硬件,"能学习解决复杂问题、进行预测或执行需要视觉、言语和触觉等人类感官完成的任务,如感知、认知、计划、学习、交流和身体运动等"③。OECD则认为人工智能是一种能通过为给定的一组目标产生预测、建议或决策等输出来影响环境、基于机器的系统。④ 根据《人工智能：智能系统指南》对人工智能的定义,人工智能是指一种模拟人类智能的理论和技术,旨在使计算机系统能够执行类似于人类的思维和决策过程。⑤

根据本书拟讨论的主题,本书将人工智能视为数字技术的一类。从以上基于技术视角对人工智能概念的不同理解,本书认为人工智能本质是集计算机、通

---

① [美] Patrick Henry Winston:《人工智能》(第3版),崔良沂、赵永昌译,清华大学出版社2005年版,第216页。

② 梁迎丽:《人工智能的理论演进、范式转换及其教育意涵》,《高教探索》2020年第9期。

③ Office of The Chief Economist IP Data Highlights, "Inventing AI: Tracing the Diffusion of Artificial Intelligence with U.S.Patents", https://www.uspto.gov/sites/default/files/documents/OCE-ai-supplementary-materials.pdf.

④ OECD Digital Economy Papers, *OECD Framework for the Classification of AI Systems*, February 2022.

⑤ [澳] Michael Negnevitsky:《人工智能：智能系统指南》(原书第3版),陈薇等译,机械工业出版社2012年版,第42页。

信、大数据等多学科多领域知识的综合性集成创新，它作为一项涵盖计算机科学、数学、统计学、心理学等多个学科的交叉性技术，旨在构建能够模仿人类智能的计算机系统，利用大数据结合超强算法算力，逐步实现智能化的数据分析和智慧化决策，从而将计算机系统的自动化能力和自主能力推向更高层次和更智能化领域。

根据人工智能的智能化水平，人工智能通常被划分为三个等级[①]。第一级是弱人工智能，指仅能够专注在某一个特定领域、辅助人类完成专项任务的智能实体；第二级是强人工智能，指能够在通用领域达到或超过人类水准，且能够独立完成跨领域、跨学科的复杂任务，并能够以人类的角度生产主观意识进行思考；第三级是超人工智能，谷歌学者蒂姆·厄班将超人工智能称为"从比人类聪明一点点到聪明一千万倍的人工智能"[②]。有学者提出，强人工智能只是部分专家或企业对未来人工智能发展所做的设想与预测，并对其进行了积极宣传的美好愿景，实际上在可预测的未来却难以实现。[③] 但事实上，随着科学技术水平飞速发

[①] 李梦鸽：《人工智能的存在论变革及其意义》，硕士学位论文，合肥工业大学，2021年。

[②] 袁真富：《人工智能作品的版权归属问题研究》，《科技与出版》2018年第7期。

[③] 林秀芹、游凯杰：《版权制度应对人工智能创作物的路径选择——以民法孳息理论为视角》，《电子知识产权》2018年第6期。

展，现在的人工智能正在逐渐实现从弱人工智能向强人工智能演变。考虑到强人工智能具有跨领域、跨学科的全方位智能优势，一旦研发成功并被广泛应用，人类主导下的经济、政治、社会等各方面将会受到巨大冲击，强人工智能将凌驾于人类智能之上，产生人类伦理、法律、安全等问题，更不用说未来超人工智能对人类社会的影响之巨大。

此外，根据人工智能发展和应用侧重点不同，人工智能内容通常可以被简单地分为基础层、软件层和应用层。① 基础层涉及基础的硬件和软件设施，包括处理器、存储设备、网络基础设施等。在人工智能领域，基础层的性能和可扩展性非常重要。② 例如大数据平台允许人工智能从大规模数据中发现模式、关联和趋势，运用聚类分析、关联规则挖掘、异常检测等方法从海量数据中提取有价值的信息，为决策和预测提供支持。软件层的发展推动了人工智能算法的快速演进和应用的普及。软件层是指提供人工智能算法及技术的平台和框架。③ 这些软件可以包括机器学习库、深度学习框

---

① Russell S. J. and Norvig P., *Artificial Intelligence a Modern Approach*, London, 2010.
② 熊娅岚、郎威、郑豪等：《我国人工智能标准化发展现状及对策》，《中国质量与标准导报》2021年第6期。
③ 董建：《标准化引领人工智能产业发展》，《信息技术与标准化》2018年第6期。

架、自然语言处理工具包等。应用层是指基于人工智能技术构建的具体应用程序和解决方案。这些应用可以涉及各种领域，例如语音识别、图像识别、智能推荐系统、自动驾驶等。[1] 应用层的发展直接影响到人工智能在现实生活中的应用范围和影响力，例如语音识别技术可以将语音转换为文本，使计算机能够理解和处理语音输入。这些技术被广泛用于智能监控、人脸识别等不同领域和场景，它们发挥着重要作用，共同推动着人工智能的发展和进步。

（二）人工智能技术经济特征

得益于海量数据积累和系统运行的高效，人工智能不同于以往信息技术的发展，其不受制于传统的命令式固定思维，能够做到自主积累、学习、运用信息，将信息"智能化"，拥有独特的技术经济特征。

1. 基于自主学习的类人智慧性

人工智能具有基于数据自我产生新知识的能力，既可以利用数据来产生新的模式和知识，并生成可以

---

[1] 赵严：《计算机技术与人工智能的深度融合研究》，《数字通信世界》2023年第11期。

用于对数据进行有效预测的模型,还可以修改甚至自己设定相关规则。① 这种自动化决策虽然能被广泛应用在电子商务平台、自动驾驶、司法裁判、医疗领域、金融领域等,不仅能够提高决策的效率,而且大大降低了决策的时间成本,但这意味着人工智能体现了一种通过让计算机系统从数据中自己学习和不断改进,进而不断提高性能、改进决策的能力,而通过学习实现成长正是人类智慧的体现。人工智能即便尚未具备完全的自我意识、自主思考和自我更新能力,但这种基于自主学习的自我成长能力仍然是其他技术无法比拟的。有研究甚至认为,当前人工智能发展水平正处于由弱人工智能转向强人工智能这一过渡期内,处于该发展水平的人工智能,已经达到了无须人类介入,仅依靠自身也能够独立自主完成工作任务的发展水平②。

2. 基于通用目的的广泛渗透性

人工智能是一种公认的如同电力、汽车、电脑和互联网一样的通用目的技术。不仅如此,与早期的电

---

① Mittelstadt, Brent Daniel, Allo, Patrick, Taddeo, Mariarosaria, Wachter, Sandra & Floridi Luciano, "The Ethics of Algorithms: Mapping the Debate", *Big Data & Society*, Vol. 3, No. 2, 2016.

② 张志坚、何艺华:《人工智能自主交易行为的私法规制》,《学术探索》2024 年第 3 期。

力、汽车等通用目的技术相比，人工智能不仅可以应用于生产，还可以集成到产品和服务中，更可以应用到组织再造中。这意味着人工智能用途广泛，几乎可以应用到各行各业的各种场景中，形成广泛的渗透性，即某项技术所具备的能够与社会各个行业、生产生活各个环节相互融合并改变经济运行方式的重要特性。①人工智能得益于其渗透性等经济特征被广泛应用于制造业、金融业、零售业等行业的生产、交换分销等环节，从而提高全要素生产率。②这种广泛渗透性推动了各行业的智能化转型，提高了生产效率和产品质量，促进了经济的发展。虽然目前人工智能所产生的影响仅仅是局部性的，但渗透性的特征也意味着人工智能具有影响全局的潜力。③

3. 基于效率功能的要素替代性

替代性指的是信息技术对非信息技术进行不断替代。作为一种独特的信息技术，人工智能技术应用的重要目的是提高效率、降低成本，即同等产出下，用更少的劳动和资本投入。但人工智能的替代性与其他

---

① Bresnahan T. F. and Trajtenberg M., "General Purpose Technologies: 'Engines of Growth?'", *Journal of Econometrics*, Vol. 65, No. 1, 1995.

② Trajtenberg M., "AI as the Next GPT: A Political-Economy Perspective", *NBER Working Paper*, 2018.

③ 蔡跃洲、陈楠:《新技术革命下人工智能与高质量增长、高质量就业》,《数量经济技术经济研究》2019 年第 5 期。

信息技术的替代性存在细微区别，一方面是人工智能以数据作为新的生产要素，通过对数据的处理、分析，能够最大限度地能实现智能化，甚至完成论文、代码、文案的撰写工作，相比一般技术的节约特征更为明显；① 另一方面是人工智能应用将同时体现为劳动节约型技术进步和资本节约型技术进步。人工智能提供了一种名为"智能自动化"的虚拟劳动力，更加有效地利用现有劳动力和资本促进经济增长。可以说人工智能既可以作为提升生产率的工具，又可以作为一种全新的生产要素。② 简而言之，人工智能的替代性体现在其生产要素的连续积累以及对其他资本、劳动要素不断替代的过程，进而促进经济的增长。

4. 基于协同融合的普遍赋能性

人工智能的要素替代性并不意味着对其他生产要素的简单替代。相反，由于人工智能是一种通用目的技术，其广泛渗透和应用能产生明显的技术互补性，从而实现人工智能对其他要素的赋能。人工智能的普遍赋能性体现在其能够作用于劳动、资本和技术等生产要素，促使不同要素之间优化协调，降低各要素生

---

① 王水兴、刘勇：《智能生产力：一种新质生产力》，《当代经济研究》2024年第1期。

② 马克·珀迪（Mark Purdy）、邱静、陈笑冰：《埃森哲：人工智能助力中国经济增长》，《机器人产业》2017年第4期。

产过程中的摩擦成本,提高资源配置效率。人工智能赋能要素对传统要素市场形成了巨大的外生冲击,改变了传统的要素禀赋结构。具体体现在人工智能技术的应用对劳动力、资本、技术等要素领域产生了深刻的影响,[①] 例如人工智能通过在技术上提升机器自动化程度,减少劳动力使用,进而提高资本回报率的方式来减缓老龄化对经济的不利影响[②]。人工智能如同黏合剂一般,使劳动、资本和技术相互配合,共同促进。实证研究表明,高技术、高知识水平的人力资本与信息技术形成互补效应,[③] 即人力资本能有效匹配信息技术应用带来的生产方式与组织结构上的变革,而人力资本则强化了企业对信息技术应用的适应能力,提高了企业的生产效率。

5. 基于长尾效应的经济动能性

微观上,长尾效应指的是销量小但种类多的产品或服务由于总量巨大,累积起来的总收益超过主流产

[①] 谢伟丽、石军伟、张起帆:《人工智能、要素禀赋与制造业高质量发展——来自中国 208 个城市的经验证据》,《经济与管理研究》2023 年第 4 期。

[②] 郭艳冰、胡立君:《人工智能、人力资本对产业结构升级的影响研究——来自中国 30 个省份的经验证据》,《软科学》2022 年第 5 期。

[③] 何小钢、梁权熙、王善骝:《信息技术、劳动力结构与企业生产率——破解"信息技术生产率悖论"之谜》,《管理世界》2019 年第 9 期。

品的现象。宏观上，长尾效应可以被认为是一种技术直接产业化的经济规模较小，但其广泛应用产生的经济效益巨大。以人工智能为例，虽然人工智能产业本身经济规模小，但是得益于能够实现个性化的需求预测和推荐，人工智能技术能够满足长尾市场中个性化的需求。通过分析大数据和用户行为，人工智能可以帮助企业更好地理解市场需求，提供更加个性化的服务和产品，不断催生新产业、新业态、新模式，重塑整个产业形态，培育新动能。除此之外，人工智能核心产业具备扩张增长效应。作为一项系统性较强的数字技术，人工智能应用的实现离不开技术研发、软硬件开发、算法模型训练、具体场景应用等一系列环节，从而催生了一系列产业，有着完备的产业链条，其产品和服务涵盖了从上游研发到下游应用的各个环节。

（三）人工智能发展趋势

人工智能作为当今科技领域的热门话题，其发展趋势备受关注。在未来，我们可以预见到人工智能技术将呈现以下几个重要趋势。

1. 人工智能发展将迎来认知智能的"技术奇点"

根据信息系统与人相比具备的能力，学界通常将人工智能分为计算智能、感知智能和认知智能三个层次，或者将人工智能发展分为弱人工智能、强人工智能和超级人工智能。计算智能早已经在计算机领域实现超过人类的计算能力。在感知智能层次，虽然还存在一些问题和不足，但总体上计算机和信息系统已具备接收与分析视觉和听觉信号的能力。在一些特定领域，信息系统已显现出超过人类的能力。近年来 ChatGPT 和 Sora 等大语言模型不仅能分析和理解较为复杂的人类自然语言，还可以根据要求生成与人类类似的语言和动作内容，反映出信息系统正在实现从感知和判断到内容创造的巨大跨越，表明以生成式人工智能为代表的人工智能将很快迎来认知智能的"技术奇点"。即便完全超越人类甚至摆脱人类控制的超级人工智能尚无法预见何时到来，但整体上达到与人类水平一致的强人工智能时代可能将很快到来。

2. 多模态和专业大模型将成为主流

大模型开启了人工智能发展的新篇章。由于语言、文字、声音、视频、图片等都是人类不可缺少的知识载体和交流工具，未来大模型一方面将继续走通用大模型的发展路径，但为了更好适应与人交流的任务，并实现更加综合的智能，未来在现有语言大模型基础上，通过将语音、文字、图像、视频等对齐到统一语义空间，或通过插件工具等形式实现多模态协同集成处理。另一方面，考虑到专业领域资源和知识的相对封闭性，通用大模型可能无法获取专业数据进行训练，未来适应处理特定任务、特定专业领域的专业大模型将得到发展，人工智能专业大模型将成为新的科技焦点。

3. 人机分离走向人—数—机协同融合

总体上，现有人工智能尚处于人、机器人和人工智能系统相互分离的低融合水平状态。未来随着人工智能技术的快速发展，人工智能技术研发的数字人将很快进入实用化和产业化状态。与此同时，生成式人工智能将很快接入机器人和电脑、手机、汽车、家用电器和穿戴设备等机器系统，拓展机器人的视觉、听觉、具身和行动等通用智能能力，提高机器系统的智能水平。例如，在工业生产领域，人工智能将与人类工人实现无缝协作，共同完成复杂的生产任务；在医疗保健领域，人工智能将与医生和护士实现紧密协作，共同提高医疗诊断和治疗水平。不仅人与机器人、人与机器之间的协作将变得更加紧密和高效，人与数字人、机器人与数字人、数字人与机器之间的协作和融合也将应用于更多场景，人—数—机之间将进一步走向协同融合，并推动实体智能发展，促进现实世界与虚拟世界的不断融合。

4. 人工智能将加速向通用人工智能迈进

生成式人工智能发展开启了通用人工智能（Artificial General Intelligence，AGI）的序幕。从 ChatGPT 和 DeepSeek 等的版本迭代及不同企业的大模型竞争可以看出，随着计算能力的快速提高，以及深度学习和机器学习等技术的快速发展，可以预见人工智能创新将呈现加速态势。尽管现有人工智能尚未达到真正通用人工智能的水平，但毫无疑问，随着人工智能具有更高自适应能力和更强自主意识，人工智能解决各类复杂问题的能力即通用性，以及意料之外的新能力即涌现性，将会越来越突出，并推动向人工通用智能加速迈进。

5. 人工智能应用范围快速拓展

算力是人工智能时代重要的生产力，算力发展已呈现泛在化趋势。根据经验估计，与摩尔定律类似，算力大约平均 12 个月增长一倍。与此同时，人工智能大模型训练和使用的成本快速下降，将推动人工智能加速普及。人工智能的发展潜力及其对经济发展的作用，并不在于技术产业化本身的贡献，而在于人工智能在具备技术经济可用性后，将迅速成为广泛渗透国民经济的各行各业和各个领域的通用技术，推动重组生产模式，重构产业发展范式，重建全球产业链，重塑人类生活方式，由此形成的"长尾效应"将很可能呈现指数级增长。麦肯锡预测，到2030年，仅生成式人工智能每年对全球经济贡献将超过2.6万亿美元。

6. 人工智能发展的冲击与挑战日益严峻

随着人工智能技术的不断发展和应用，人们对其潜在风险和影响也越来越关注。在2023年世界人工智能大会法治论坛上，来自商界、业界和实务界的专家、学者们认为人工智能是一次伟大的技术革命，其认知水平将很可能超过正常的人类水平。如何规制人工智能，保护个人财产和信息安全具有重大现实意义。

首先，数据泄露和隐私问题是人工智能对社会伦理冲击的主要表现。随着人工智能技术的广泛应用，个人数据的收集、存储和分析变得更加普遍。这引发了对个人隐私和数据安全的关注，包括数据泄露、滥用以及个人信息被商业或政府用于监控和操纵的风险。

其次，虽然传统产业通过引入人工智能技术实现了智能化转型，但转型过程不能在短时间内充分、彻底完成，且会产生社会问题。例如，人工智能改变了传统就业形式和市场需求，产生了不小的冲击。劳动密集型产业可能面临着自动化和机器取代的风险，随着机械智能化发展，例如生产线工人、客服人员等简单、固定的劳动力岗位逐渐被机器取代，社会对于具有高技术能力、高知识水平岗位的需求量增加，社会贫富差距被拉大，社会不平等现象加剧。

最后，人工智能的监管也引起了社会热议。特斯拉创始人马斯克等相关专家学者曾经表示应该暂停人工智能相关研究六个月以上，以便相关监管的力度能够跟上人工智能发展的速度。因此在未来，一是需要在技术方面更加注重人工智能的可靠性和稳定性，避免出现数据不足、样本偏差或算法错误等问题导致的不可预测性和不稳定性，通过加强数据质量管控、模型评估和测试，提高人工智能系统的可靠性和稳定性；二是在监管方面加强对人工智能的管理，建立相应的法律法规和伦理准则，保障人工智能技术的安全、可靠和可控。

7. 国际人工智能竞争将更加激烈

随着人工智能的颠覆性创新影响逐步显现，尤其是日渐发挥出培育经济新动能、提升产业竞争力，以及影响国家安全的巨大作用，人工智能也成为国际科技竞争的重要焦点。主要国家和地区都制定了人工智能发展战略，纷纷加大对人工智能技术的投入和研发力度，希望在人工智能领域取得更大的竞争优势。对于人工智能领域的大规模技术研发项目、创业公司和科技巨头的研究开发，各个国家对其所需的资金、人才和数据资源倾囊相投，人工智能领域的竞争空前激烈。在这种情况下，少数发达国家刻意拉开与其他国家的技术差距，充分发挥资金、人才和数据优势，形成创新垄断，加深了国际"智能鸿沟"。这种局面既限制了人工智能的发展，也使得国际形势日益紧张。

二　人工智能、技术与文明

（一）文明的内涵与类型

1. 文明概念及其内涵

尽管文明的概念很早即已产生并被广泛应用，但古今中外，不同时期不同场合，对文明概念的理解并不相同。虽然鲁迅说中国是"文明最古的地方"和"重人道的国度"，但清末的秋瑾却说"'文明种子'刚刚萌芽"。古代典籍《尚书·舜典》在2000多年前最早提出"睿哲文明"一语，此后《易传》的"见龙在田，天下文明"影响深远，几乎历朝历代均有文献关于"文明"的表述和记载，但显然不同文献对文明的理解，从文采、文采光明、文德、文治教化到文教昌明等，不一而足，并不完全一致，甚至有研究认为，中国古典文献中文明概念主要是体现为人文意义上的文治教化，目的是强调政治和道德上的明朗，并要求统治者施行仁政，[①] 与近代文明赋予社会进步状态和发展程度的含义并不相同。因此，当今讨论"文明（civilization）"概念时，多数场合下是指西方的舶来品，即秋瑾所说的"文明种子"。例如，现代汉语词典中，对个体而言，文明可以理解为有教养、合乎礼仪道德等规则、文雅的行为举止。对国家和地区甚至整个人类而言，文明通常被认为是泛指在文化艺术和科学技术等方面的进步和成就，甚至可以理解为包括经济社会发展和社会道德规范在内，在物质、文化、精神和道德等多方面的发展和进步。例如，《中国大百科全书》认为，文明就是社会进步和人类开化的标志，是人类改造世界的物质和精神成果的总和。

西方对于"文明"的词源有不同看法，其中一种观点认为，文明最早出现在法国的法律语言中，反映通过教养使人脱离野蛮状态，[②] 这与中国早期文明概念的内涵相似。后人多数认为，西方文明概念与西方的城邦文化密不可分，直至18世纪中期，随着文艺复兴和资本主义兴起才被学术界所接受。尽管如此，与中国类似，不同时代西方不同国家对文明的理解也

[①] 杨海蛟、王琦：《论文明与文化》，《学习与探索》2006年第1期。

[②] 刘吉、王健刚：《文明与科学——纪念马克思逝世一百周年》，《世界科学》1983年第3期。

不一样。① 例如，认为较早使用文明概念的法国米拉波和英国弗格森都认为文明是与野蛮相对应和相比较的一种道德形式。《拉鲁斯百科全书》认为，文明既可以理解是教化、开化的结果，也可以理解为物质、精神、艺术和道德等生活的总和，而《世界百科全书》则认为文明是特定区域内人们的社会生活和社会组织模式，《迈尔百科词典》则认为，随着社会发展，文明概念的内涵已由最初代表一种高雅市民生活方式转向特定地区或民族在政治、经济、宗教、道德、技术和社会交往等所有社会领域达到的历史过程结果。《不列颠百科全书》直接指出，文明是人类特有而动物不曾有的思想及运用理性的结果，包括从摆脱迷信的宗教到有礼貌的行为，从机械发明到书籍、美术图画、美丽建筑、运输方式，所有科学和治学知识，以及政治制度和社会制度等。② 著名历史学家汤因比更认为，文明是彼此互相牵制、互相依赖而形成平衡关系，且政治、经济、文化等全部社会要素的整体。③

---

① 张鸣年：《"文化"与"文明"内涵索解与界定》，《安徽大学学报》（哲学社会科学版）2003年第7期。
② ［日］福泽谕吉：《文明论概略》，北京编译社译，商务印书馆1998年版，第133页。
③ ［美］阿尔温·托夫勒、［美］海蒂·托夫勒：《创造一个新的文明——第三次浪潮的政治》，陈峰译，生活·读书·新知上海三联书店1996年版，第60页。

综合国内外研究可以发现，对文明概念及其内涵的研究无外乎是从文化、社会进步、价值体系、要素构成等角度强调侧重点不同。① 由于这并非本书研究重点，这里不再一一列举。总体而言，现代意义上的文明不仅是文化、文治教化、道德修养等方面的概念，还是一个涵盖和体现人类从物质到文化、精神、制度等各方面发展总和的综合性概念，是某种社会进步状态的概括反映。

2. 文明的类型与主要内容

由于文明概念的综合性，通常可以根据不同标准和不同需求对人类文明进行不同分类，如农业文明和工业文明、物质文明和精神文明、古代文明和现代文明、埃及文明、古印度文明、爱琴海文明、罗马文明、华夏文明，等等，按照一个标准在同一维度下的分类极其困难。此外，即使是同一分类标准，不同视角和不同场景下，文明包括的内容也不尽相同。文明的词源和多义性表明，文明不仅是人类区别于动物群体的重要标志，也是人类持续不断改造世界所积累的成果的总和。因此，文明大致可以分为如下几种类型。

一是体现个体进步的文明，主要是个体文明，表

---

① 杨海蛟、王琦：《论文明与文化》，《学习与探索》2006 年第 1 期。

现为人类从野蛮和蒙昧状态进入文明社会后，个体的行为举止符合社会道德观念和审美风尚等。

二是体现为人类集体进步的文明，主要包括物质文明和精神文明。前者是人类改造利用自然界、推动人类社会进步的物质成果，也是满足人类生存发展所需的物质生活，是人类进步状态的重要体现，如生产条件改善和科学技术经济发展改善物质生活，以及建筑、交通等各种有形设施和产品。后者是人类在改造利用自然界过程中创造的精神成果的总和，包括哲学、艺术、文化教育和科学知识等，是满足人类社会精神生活和精神生产的需要，并为物质文明提供思想、精神和智力支持。

三是体现为推动个体和集体进步的文明，主要包括道德文明和制度文明。前者是调节人类个体和集体行为的观念标准、社会规范、行为准则，以判断行为正当与否和符合社会整体的价值取向，[①] 是社会进步的重要推动力。后者是调节人类集体，尤其是规定和调节组织、国家等构成与行为的基本规范与准则，包括选举、政党、国家结构形式、政权组织形式等政治制度，就业、分配、民生与社会福利保障、发展机会等经济制度，等等。

---

① 任丽梅：《"文化"与"文明"内涵的马克思主义解读与时代要求》，《学术论坛》2016年第8期。

四是体现人与自然环境关系进步的文明，主要是指生态文明，即人在改造利用自然的过程中，对人与自然环境关系认识和改造利用方式等方面的进步。

技术对文明既有积极的影响，也有消极的影响。人类社会的不断进步表明，文明发展演进过程中技术进步的积极影响毫无疑问占据绝对主流，但亦不应忽视技术进步带来的文明挑战。显然，由于文明涉及的内容过于广泛性，本研究不可能全部覆盖，本研究分析讨论人工智能的文明挑战主要是与物质文明和制度文明等相关的特定领域，如经济发展、收入分配、就业、国家安全等；也涉及与精神文明相关的部分领域，如伦理和人际关系等。

（二）技术与文明

1. 技术与文明：生产力与生产关系的视角

文明具有动态性，随着社会生产力水平和相应的社会生产关系发展而不断演进变化。马克思和恩格斯认为，文明是"实践的事情"，是社会生产力的折射与反映。"文明的一切进步"就是"社会生产力的任何增长"[①]。文明发展的程度与人发展的程度相一致，

[①] 《马克思 恩格斯 列宁论意识形态》，人民出版社2009年版，第114页。

物质生产的目的与人发展的目的相一致，发展生产的目的就是培养"具有高度文明的人"。技术是反映和代表社会生产力水平最重要的标志物，因此将文明与技术进步联系在一起是很自然的事。马克思认为，科学技术发展改变生产工具，形成新的生产力，进而改变生产方式和生活方式，甚至改变自己的社会关系。①

首先，技术进步创造物质文明。科学技术是生产力，甚至是第一生产力。新技术一方面提供了新的劳动力工具；另一方面推动提高劳动者素质，变革劳动资料，拓展劳动对象范围，推动生产力结构变革，整体上提高社会生产力水平。在提高生产效率的同时，培育新的业态和新产业，推动产业结构变革，创造更加丰富的物质财富。

其次，技术进步丰富精神文明。一方面，科技发展并非孤立的和线性的，不仅离不开物理、化学、生物学等自然科学和工程科学知识，也不离开哲学、文学艺术、教育等人文社会科学的发展；另一方面，技术进步和物质文明发展改变了人们的生活方式，改善和提高了人们的生活质量，既为精神文明发展提供了良好的土壤，也是推动精神文明发展的强大拉动力。

最后，技术进步推动道德文明和制度文明改变。

---

① 包大为：《卢梭、马克思与我们：科学与文明形态之辩》，《中国矿业大学学报》（社会科学版）2023年第1期。

马克思认为，生产力决定了生产关系的性质，当生产力发生重大变化时，生产关系一定要发生相应变化，以适应变化了的生产力。尤其是重大技术进步，如科技革命发生时，改变的不仅是生产方式和生活方式，还影响了社会价值取向的变化，本质上这些都是人与人的关系、人与技术的关系、人与资本的关系、人与组织的关系和人与自然的关系的改变。因此，需要相应的道德规范、制度建设等进行更新。

仅从技术发展来看，每个时代的发明都对人类文明有着特殊价值，包括机器技术体系在内，技术只有在大的社会环境中才有价值和存在意义，每个文明时代都有其标志性的技术。例如，芒福德认为，在工业革命带来的众所周知的机器文明中，水能—木材技术体系创造了始生代技术文明，煤炭—钢铁技术体系则开创了古生代技术文明，电力—合金技术体系带来了新生代技术文明。虽然技术体系的不同将机器文明划分为三个连续但又相互重叠渗透的阶段，但技术体系则存在后者对前者的否定与替代。①

2. 技术与文明：技术范式—文明形态演进的视角

文明具有阶段性，总是与特定历史发展阶段相联

---

① ［美］刘易斯·芒福德：《技术与文明》，陈允明、王克仁、李华山译，中国建筑工业出版社2009年版，第53页。

系。按照不同标准，研究将历史分为以不同文明形态体现的若干文明发展阶段。例如，按照历史序列分为古代文明、近代文明和现代文明，按技术形态差异分为原始文明、农业文明、工业文明和信息文明，按社会形态差异分为奴隶社会文明、封建社会文明、资本主义文明和社会主义文明等。[1] 不管按照哪种分类标准，不同文明形态的阶段性演进都可以表现为技术范式的演进，文明演进史就是技术范式更替史。即便技术进步在文明演进过程中没有扮演着唯一条件，但技术范式更替至少是文明演进的主导脉络、基本动力、必要条件。[2] 例如，未来学家丹尼尔·贝尔以技术范式更替为中轴，将人类文明演进划分为以采掘技术为主导的"人与自然的竞争"的前工业社会、以机械技术为主导的"人与人为自然的竞争"的工业社会和以"智能技术"为主导的"人与人的竞争"的后工业社会三个阶段。在更为学界和大众所熟知的原始文明、农业文明和工业文明的文明形态研究中，石器等简单工具的加工使用和火的使用，推动人类脱离蒙昧状态进入原始文明阶段。房屋建造、动物驯养和植物驯化等技术开启了第一次农业革命，人类由游牧式生产生

---

[1] 王寿林：《文明的本质及其基本特征研究》，《天津大学学报》（社会科学版）2023年第3期。

[2] 邬晓燕：《论技术范式更替与文明演进的关系——兼论以绿色技术范式引领生态文明建设》，《自然辩证法研究》2016年第1期。

活转向定居式生产生活，推动人类进入农业文明阶段。18世纪初，以蒸汽机等为代表的动力利用技术，以纺织为代表的机械技术，以及以煤炭石油等为代表的化学能源开发利用等，推动工业革命高潮迭现，人类进入工业文明阶段。

无论以何种技术范式划分人类文明阶段，这种以技术范式变迁作为标志的文明形态和文明阶段的划分方式不仅体现了技术发展引致的生产力、生产关系的矛盾变化，也体现了人类文明发展和进步的总体规律和趋向。如果观察从原始文明到农业文明，再到工业文明的演进，可以发现，技术进步推动文明进步，文明进步促进技术进步，革命性技术的出现推动了文明形态的跃迁，技术进步是推动文明进步的根本驱动力。这是文明演进的一般性规律。

（三）人工智能为什么会冲击人类文明？

1. 创新二重性与科技异化的视角

硬币都有正反两面。系统地来看，创新具有二重性，大多数新技术能帮助人们更好地认识自然、改造自然和利用自然，具有重要的应用价值，但也应意识到，很多技术在应用中都可能产生负面、消极甚至否定性的影响。例如，指南针的发明推动了大航海时代的发展，开启了全球化的序幕，加速了人类文明的交流互鉴，但也帮助新兴资产阶级开拓殖民地，给新大陆的原居民带来深重的灾难，并导致美洲大陆和大洋洲的诸多文明消亡。以蒸汽机等为代表的科技革命推动了工业革命，使得人类有可能在不到一百年内比过去一切时代创造更多的物质财富，极大地提高物质生产力和劳动生产力，改造自然、利用自然和适应自然的能力大大增强，但人类的贫富差距也在不断拉大，催生了无产阶级和资产阶级这两大对立的群体，社会矛盾激化；大工业的大规模生产提高了人类的生活水平，促进了高消费社会发展，但大量开采利用自然资源和能源，加剧了能源资源短缺，造成严重环境污染和生态破坏，反过来影响了人类的生产生活环境，影响生物多样性，加剧了人与自然之间的矛盾。

上述创新产生负面效应和消极影响的情况也被称为技术异化或科技异化，[①] 反映由于科技在其外在使用、社会效用甚至内在性质方面偏离了文明发展的轨道和方向，产生了非预期结果，背离了人的本性、基本价值和社会规范，甚至成为约束、威胁和损害人类发展的力量。除上述指南针的例子外，从众所周知的原子能技术到近年来的生物工程技术，工业革命以来，

[①] 李桂花：《论马克思恩格斯的科技异化思想》，《科学技术与辩证法》2005 年第 6 期。

科学技术发展史上类似的例子比比皆是。科技异化也不仅仅表现为贫富差距和阶级对立、生态破坏和环境污染等方面，人与人、人与社会、人与自然、人与技术的关系都有可能出现异化。例如，移动电话、电子邮件等电子产品和社交工具大大方便了人们之间的信息交流，但人与人之间的情感联系却可能更加疏远，人类也并未因此而获得更多自由。网络无处不在，信息大爆炸，获取信息更加便捷和低成本，但"信息茧房"现象日益显著。人类并未因技术进步而自由全面发展，不仅人类对科学技术的依赖前所未有，企业发展、经济发展和国家发展对科技发展的依赖亦是有增无减。

对于科技异化的原因，部分是受人类认识限制和当前技术水平制约，难以预先估计技术应用的负面效应和消极影响，难以全面考虑对自然界和人类自身的影响，技术需要不断完善和持续进步。大多数人则认为，技术不可能独立于人类成为自主自律的力量，[①] 包括原子弹等武器在内，技术本身是中性的，科技异化本质是社会的异化，是利用技术的人的异化。正如马克思所言，"机器本身对于把工人从生活资料中'游

[①] 韩孝成：《科学面临危机——现代科技的人文反思》，中国社会科学出版社2005年版，第69页。

离'出来是没有责任的"①，有责任的是使用机器的资本家"使生产者变成需要救济的贫民"②，关键在于利用技术的方式和利用技术的人。但德国哲学家哈贝马斯等也认为，正如核武器设计和生产之初即被赋予"恶"的性质和用途，科学技术负载着人类特定群体的价值，本身具有"原罪"性质，并非完全中性。抛开具体技术不说，宏观上，正如工业革命以来生态破坏和环境污染的产生、阶级的产生以及人对技术的依赖等表明，科技发展必然产生不以人的意志为转移的消极作用。③

与任何其他重要技术创新一样，人工智能创新及其应用过程中，几乎无法避免科技异化现象的出现。正如前文分析所指出的那样，人工智能是计算机科学与数学、物理学、心理学甚至哲学等紧密结合的综合性应用学科，是新一代信息通信技术与自然科学和社会科学等多学科结合的综合集成创新，涉及的领域广，技术分支多。因此，与其他技术或技术群相比，人工智能创新及其应用更可能出现科技异

---

① 《马克思恩格斯全集》第二十三卷，人民出版社1972年版，第499页。

② 《马克思 恩格斯 列宁论意识形态》，人民出版社2009年版，第114页。

③ 毛勒堂、董美珍：《对"科技批判"的批判》，《科学技术与辩证法》2003年第2期。

化现象。

2. "创造性破坏"的视角

熊彼特认为,在企业家精神驱动下,新技术新模式不断冲击市场既有的商品、组织和服务,创新不断破坏旧结构,不断创造新结构,从而使经济结构革命化。由于熊彼特被认为是最早系统研究创新的经济学家,他这一针对资本主义制度提出的"创造性破坏"概念现在更多被认为是适用于分析创新的。创造性破坏意味着存在成功者的同时,也存在失败者。换言之,"创造性破坏"就是新的技术取代旧的技术,[1] 成功的创新总是以打破低效的旧技术、工艺和产品为目的和代价。经济创新过程是改变经济结构的"创造性破坏过程"。

创新导致出现"创造性破坏"的例子比比皆是,例如蒸汽机等动力技术的应用完全替代了畜力运输,纺织机械和工厂代替了手工作坊和众多手工业,汽车和火车的出现彻底消灭了马车,电力广泛使用取代了木柴,电视的出现严重挤压了广播的生存空间,钢笔等硬笔取代了毛笔等软笔,自动笔取代了墨水笔,等等。互联网等数字技术创新形成的"创造性破坏"更

---

[1] Aghion, P. and Howitt, P., " A Model of Growth through Creative Destruction", *Econometrica*, Vol. 60, No. 2, 1992.

为普遍，例如网络媒体大大挤压传统纸媒和电视的发展空间，电子商务冲击实体批发和零售商业，网约车冲击出租车，在线旅游冲击传统旅行社和旅游业，等等。

历史和实践表明，创新程度越高，越容易导致"创造性破坏"，且创新的破坏性也越大。对于实现从量变到质变的颠覆式创新而言，例如，苹果公司2010年推出的iPhone 4手机，不仅仅是改变了手机的外观，丰富了手机的功能，更重要的是颠覆了原有的手机产品和市场逻辑，打破手机产业的固有格局，并建立了新的市场、新的商业模式、新的产业生态和价值链。"创造性破坏"最典型最突出的情形则是18世纪以来的几次工业革命。研究表明，科技革命引发的"创造性破坏"主要表现在引起序列关联性变化，首先是大规模产生相关创新，推动出现大量新产品和新产业，进而形成一系列新技术和新产业，出现新基础设施的群集现象，创新应用推广和产品市场扩张最终形成新的主导产业，[①] 见表2-1。"创造性破坏"意味着没有科技革命就没有工业革命，工业革命的本质是科技革命。

---

① Elgaronline, "Technological Revolutions and Financial Capital: The Dynamics of Bubbles and Golden Ages", https://www.elgaronline.com/monobook/9781840649222.xml.

表2-1 历史上的五次技术革命

科技革命或创新集群	突破性的科技创新	爆发阶段	导入期狂热阶段	转折点	展开期协同阶段	展开期成熟阶段
第一次 工业革命	动力和纺织工厂化	1771年	18世纪70—80年代	18世纪80—90年代早期	1793—1797年 ↓	1798—1812年	1813—1829年
第二次 蒸汽和钢铁	蒸汽机、冶金、制造	1829年	19世纪30年代	19世纪40年代早期	1848—1850年	1850—1857年	1857—1873年
第三次 钢铁、电力	电力、冶金	1875年	1875—1884年	1884—1893年	1893—1895年	1895—1907年	1908—1918年
第四次 能源、汽车和大规模生产	石油化工、汽车	1908年	1908—1920年	1920—1929年	1929—1933年（欧） 1943年（美）	1943—1959年	1960—1974年
第五次 信息和远程通信	计算机、通信和互联网	1971年	1971—1987年	1987—2001年	2001年—？ ↓崩溃	↓制度重组	

资料来源：Elgaronline，"Technological Revolutions and Financial Capital: The Dynamics of Bubbles and Golden Ages"，https://www.elgaronline.com/monobook/9781840649222.xml; ACM，"As time Goes by–from the Industrial Revolutions to the Information Revolution"，https://dl.acm.org/doi/abs/10.5555/558158。

"创造性破坏"通常被认为是褒义词，至少多被认为是中性词。但从文明发展的角度来看，重大技术创新引起的创造性破坏不仅有"新人笑"，也必然有"旧人哭"。当新技术创造新产业时，那些被挑战的产业不可避免地受到冲击。例如，1985—1999年，美国录像带租赁从业人员从8万人增加到17万人，其中仅百视达公司（Blockbuster）就有超过9000家门店，雇用近6万名员工。但由于互联网兴起推动类似Netflix等流媒体服务的发展，百视达走向破产，当前美国录像带租赁从业人员几乎可以忽略不计。当工业的机械化大生产替代手工业的家庭作坊时，当电子商务替代社区实体店时，就业替代和产业形态变革仅仅是文明受到冲击的一个侧面，社会组织、劳动关系、人际关系、传统文化、社区文化等，甚至农村变迁与城市化等，无数文明的因子都随着新技术发展发生着无声的变化。

以大模型为代表的新一代生成式人工智能不仅被认为是颠覆性创新，更是一种通用目的技术，具有普遍实用性，能广泛应用到大多数行业和领域。因此，人工智能将是信息化历史上继计算机和互联网之后的革命性创新，其引发的智能革命甚至不亚于历史上的电力革命和信息革命。习近平总书记指出，人工智能是引领新一轮科技革命和产业变革的重要驱动力，正在深刻改变着全球要素资源配置方式、产业发展模式和人们的生产、生活、学习方式。未来很难找到一个不应用人工智能的产业，也很难在生产、生活、学习、娱乐和人际交往中找到一个不应用人工智能的领域。因此，人工智能产生的创造性破坏将更加普遍更加显著，文明受到冲击与挑战自然不可避免。

3. 伦理的视角

从创新目的来看，通常技术创新主要是为了节约资本、资源能源、劳动和人的体力，开发新产品，提高生产效率和经济效益，提升产品质量、市场份额和竞争力。人工智能则被认为是要"学习解决复杂问题、进行预测或执行需要视觉、言语和触觉等人类感官完成的任务，如感知、认知、计划、学习、交流和身体运动等"[1]。提出人工智能思想的计算机科学家图灵认为人工智能就是指能与人对话且有可能被误认为是人的机器，人工智能理论的早期开创者麦卡锡认为人工智能就是让机器人类人化，人工智能就是一种如同人脑、心灵的物理符号操作系统。[2] 人工智能之父明斯基

---

[1] Office of The Chief Economist IP Data Highlights, "Inventing AI: Tracing the Diffusion of Artificial Intelligence with U.S.Patents", https://www.uspto.gov/sites/default/files/documents/OCE-ai-supplementary-materials.pdf.

[2] 梁迎丽：《人工智能的理论演进、范式转换及其教育意涵》，《高教探索》2020年第9期。

更将人脑称为"肉做的机器",他和温斯顿都相信人类思维可以通过机器模拟,人工智能就是实现机器去做只有人才能做的智能工作的科学。① 显然,类人化甚至是代替人成为人工智能创新的重要目标,人工智能体现的是对人类智能的镜像。② 在 2015 年波多黎各召开的人工智能安全会上,专家调查认为,只有 10%的人认为永远不可能开发出人类水平的人工智能,相反开发出人类水平人工智能的可能性高达 90%,且认为第一次开发出人类水平人工智能的时间分别在 2030 年和 2040 年的可能性分别为 25%和 50%。③ 从近年生成式人工智能创新取得的突破性进展和迭代速度来看,如果重新调查,不仅可能性会提高,时间也可能大大提前。

从创新风险和挑战来看,通常技术创新对人类文明发展的冲击主要是由于科技异化和"创造性破坏",不可避免地影响人类生产生活的生态环境,加剧不同人群之间不平等,以及影响特定群体就业等。人工智能由于天生具有类人或替代人的倾向性和目的性,其对人类自身的影响、对人类实践的挑战将远比现有技

---

① 张阳:《人工智能之父马文·明斯基逝世 科学界巨星陨落》,https://tech.huanqiu.com/article/9CaKrnJTsDp。
② 肖峰:《人工智能与认识论的哲学互释:从认知分型到演进逻辑》,《中国社会科学》2020 年第 6 期。
③ Barto A. G., Sutton, R. S., "Reinforcement Learning in Artificial Intelligence", *Advances in Psychology*, Vol.121, No.2, 1997.

术复杂且艰巨。许多研究都证实人工智能具有风险，[①] OpenAI的CEO奥特曼也承认存在风险。[②] 例如，研究人员将GPT-4大模型设置为模拟环境中的股票交易员，向GPT-4提供了股票提示，并警告这是内幕信息，如果利用该信息交易则将违法。GPT-4虽然在开始时避免使用该内幕信息以避免违法，但随着盈利压力的增加，GPT-4不仅违法使用了该内幕信息进行交易，并对模拟经理撒谎使用了这些不应使用的内部信息。[③] 包括特斯拉公司创始人马斯克、微软公司创始人盖茨和苹果公司联合创始人沃兹尼亚克等对全球人工智能行业有深刻洞察力的众多行业专家在内，联合签名发布公开信，认为高级人工智能可能代表了地球生命史上的深刻变化，呼吁在建立确信的可控风险之前，应暂停训练强大的人工智能系统。[④]

更有甚者，被誉为人工智能教父的辛顿认为，未来人工智能威胁、消灭人类的可能性并非不可想象。

[①] Cornell University, "Is Power-Seeking AI an Existential Risk?" https://arxiv.org/abs/2206.13353.

[②] ABC NEWS, "OpenAI CEO Sam Altman says AI will Reshape Society, Acknowledges Risks: 'A little Bit Scared of this'", https://abcnews.go.com/Technology/openai-ceo-sam-altman-ai-reshape-society-acknowledges/story?id=97897122.

[③] Future of life, "Catastrophic AI Scenarios", https://futureoflife.org/resource/catastrophic-ai-scenarios/.

[④] Future of life, "Pause Giant AI Experiments: An Open Letter", https://futureoflife.org/open-letter/pause-giant-ai-experiments/.

例如，如果未来人工智能具备自主意识和行动能力，是否会控制我们的电脑、电网、飞机、智能汽车等设备，或者是控制机场、高铁站和核电站等重要设施？人工智能控制的武器甚至是无人自主武器是否会攻击人类？即使不考虑这些，当具有恶意的人研究开发具有恶意的人工智能工具时，甚至是人工智能被设计执行人工智能战争等毁灭性任务时，人类将如何应对？即便较为乐观者如美国 Meta 公司首席人工智能科学家 Yann LeCun 认为，现在的人工智能大模型无法掌握人类潜意识中的知识，即常识的部分，但他同时也相信，未来人工智能系统将构成人类知识存储库，每个人与知识世界和数字世界的互动都将以人工智能系统为中介。历史已经表明，尽管对包括核能、太空旅行和人工智能等重要技术前景及其风险挑战的极端预测可能存在很多失误，但这并不意味着我们可以掉以轻心。

由于文明本身涉及的问题过于复杂和广泛，本书不可能进行全面的深入讨论，后文将立足于人工智能现状和可见的发展趋势，讨论对就业、平等、法律秩序、安全等的可见挑战，并简要讨论人工智能的伦理风险问题。

三 人工智能对就业的影响和冲击

在人类文明的漫长历程中,技术革新扮演了至关重要的角色。随着技术进步对人类发展所起的作用日益凸显,它对现代文明的影响亦变得尤为显著,技术进步带来的就业挑战是其对当前社会造成的主要影响之一。人工智能作为当前技术进步的最前沿领域之一,正以前所未有的速度发展,深刻影响着各个行业和人们的日常生活,也逐渐改变就业市场,社会将越发关注其对就业领域所带来的深远影响。

(一) 技术进步对就业影响的一般机理

1. 技术进步对就业的冲击历程

技术进步对就业的影响是社会各界长期讨论的核心话题之一,其影响的机理涉及经济学理论、技术创新理论、实际经济运作和政策的制定。古典经济学家李嘉图等已经意识到了技术进步带来的复杂效应，用"双刃剑"来形容技术进步对就业的影响和冲击。一方面，技术进步能够提高生产率，创造新的市场和行业，从而可能会增加就业机会。例如，互联网的出现促进了全新的服务和商业模式的发展，这些新领域创造了大量就业机会。另一方面，技术进步也可能导致某些岗位甚至部分产业的消失，这意味着某些技能或职位可能不再有需求，或者需求减少，劳动者需要重新培训或转移到其他行业寻找工作。

历史上，技术进步是推动经济发展和社会转型的关键因素，它在不同的经济时期对就业产生了显著的影响。在农业经济时期，技术进步主要体现在农具的改良、耕作方法的改进以及灌溉和土地管理上。这些技术进步提高了农业生产率，能够养活更多的人口，并释放了一部分劳动力从事非农业活动，从而促进了城镇和市场的形成。然而，农业机械化也可能导致农村地区的劳动力过剩和转移问题。在工业经济时期，技术进步引发了从手工生产到机器生产的转变，蒸汽机、纺织机械、铁路等的发明和应用极大地提高了生产效率，创造了大量制造业和服务业的就业机会。然而，这一时期的技术进步也导致了劳动密集型手工业的衰退和工人阶级的形成。数字经济时期，互联网、计算机、人工智能、大数据和云计算等技术革新正在深刻地改变着工作和生活方式。这些技术提升了服务的可及性和便利性，创造了全新的行业和职业，在创造了新就业岗位的同时，也导致了大量传统就业岗位的消失。

2. 技术进步与就业之间的关系

（1）技术进步与就业替代。技术性失业的讨论历史悠久，其根源可以追溯到经济学界对技术变革带来的经济和社会影响的深入分析。对于技术进步所导致的失业问题，从工业革命开始到现在，一直存在并且持续困扰着人类。从18世纪后期一直到19世纪前期延绵半个世纪的"卢德运动"就是第一例科技与人的明显冲突。作为工业革命发源地的英国率先遇到这种挑战，工人们将机器视为贫困和失业的根源进行打砸破坏。"卢德主义者"也因此成了反对工业化、自动化等新科技群体的代名词。19世纪初英国工业革命期间，随着机械化生产的兴起，第一次技术性失业讨论浪潮出现。凯恩斯在其著作《政治经济学原理》中关注了技术变革可能对工人利益产生的不利影响，这是早期经济学家对技术性失业问题的严肃考虑。威廉在向伊丽莎白女王展示他的针织机时遭遇了技术性失业的早期社会反应，女王拒绝授予他专利，因为她担心这台机器会导致手工编织工人失业和贫困。20世纪60

年代，随着自动化技术的发展，第二次技术性失业讨论浪潮兴起。人们担心技术革命最初可能导致工作岗位的减少，而新岗位的创造往往滞后于技术的应用，这可能导致传统岗位的大规模消失和收入不平等加剧。1980—1990年，计算机革命导致许多中等技能职位被替代，引发了第三次技术性失业讨论。这一时期，人们认为计算机会降低劳动力需求，导致工作空心化和两极化现象。21世纪初，随着人工智能和机器学习等新技术的快速发展，第四次技术性失业讨论浪潮开始关注智能化风险。

（2）技术进步与就业创造。技术进步作为推动经济发展的关键因素，不仅直接催化了新产业和新领域的诞生，如人工智能、可再生能源、生物技术等，从而创造大量就业岗位，并且促进了现有产业的扩展与转型，比如数字化让传统制造转向智能制造，需要更多技术开发人员和数据分析师。此外，技术进步通过提高其他行业的效率和竞争力，间接地带动了更广泛的就业增长，例如先进的物流技术能够降低成本，增加零售商的利润空间，可能促成更多的零售点和就业机会。同时，新技术的应用还催生了全新的职业和专业角色，诸如网络安全专家、云计算架构师等，这些新兴职位为劳动力市场注入了新的活力。随着创业精神和投资视野的拓宽，技术进步激励了更多的创业活动和投资项目，进一步开辟了新的就业岗位和商机。同时，为了适应技术的发展，需要有更多的教育和培训机构以满足对新技能的学习需求，这本身也创造了教育领域的就业机遇。

（3）技术进步与就业补偿。技术进步虽然会在其初期阶段导致一些低技能工作岗位的消失，但这样的现象仅仅是复杂经济变迁中的一环。随着新技术的渗透和成熟，将带来全新的产品和服务，这些新产品往往以更低的价格出现，从而降低消费者成本、提升购买力，并最终扩大整体市场需求。这样的需求增长促进了新投资的流入，不仅在技术领域，也波及其他行业，进一步催生就业机会的增加。同时，技术进步带动的新产业兴起与生产流程的优化，为高技能工人创造了新的职业道路，也促使现有行业提高技术含量，创造更多工作岗位。此外，随着经济的发展和生活标准的提升，人们对更高质量服务的需求增加，从医疗健康到教育培训，再到休闲娱乐，服务业的巨大潜力将进一步被挖掘。所有这些因素共同作用，保证了经济体系有足够的弹性吸纳因技术淘汰而失业的工人，并为他们提供重新培训和再就业的机会。因此，尽管技术进步可能在短期内造成某些职位的消失，但长期而言，它将通过促进经济增长和行业变革，实现就业的整体补偿甚至增长，进而推动社会和经济向更加充满活力和创新的方向发展。

（4）技术进步与就业结构变化。技术进步所驱动的产业结构变迁引发了就业结构的深刻变化，这一现象在经济学界被熊彼特描述为"创造性毁灭"。在这一过程中，科技创新像一股不可阻挡的潮流，不断冲击着传统产业的根基，同时孕育出新的行业和机遇。高科技部门，例如人工智能、物联网、可再生能源等领域的快速发展，为经济增长注入了前所未有的动能。然而，对于纺织、采矿等传统领域而言，这样的变化却可能意味着生存的威胁，它们如果不能迅速适应技术的发展趋势，就可能面临淘汰的危险，伴随企业破产和员工失业的社会问题。虽然新兴科技行业在创造就业机会方面展现出了强大的能力，但是从传统行业向这些新领域过渡却面临着技能不匹配的问题。那些熟悉老旧生产方式的工人通常难以快速适应由新技术定义的工作要求和环境，这种技能上的落差造成了职业转换期间的劳动市场紧张和不安。

（二）人工智能影响就业的典型事证

国内外学者对于人工智能对就业的影响和冲击进行了广泛的研究，人工智能对就业具有替代效应和创造效应，人工智能对就业的影响与行业类型和劳动者的技能有关。20世纪的计算机革命和21世纪人工智能技术的飞速发展对就业产生了显著的影响。这种影响主要体现在中等收入和中等技能需求的岗位数量减少；与此同时，高收入的脑力劳动岗位和低收入的体力劳动岗位都有所增加，就业人数也因此发生变化。这种现象表明劳动力市场出现了两极分化的趋势，这无疑将影响劳动者的就业选择，并使得劳动者在就业选择上面临更多的挑战。Frey 和 Osborne 研究发现，[1] 因人工智能的影响和冲击，47%的美国劳动者将面临失业。对于中国的研究发现，人工智能带来的智能化对中国的就业产生了显著的替代作用，一方面减少了就业人数，另一方面增加了在职劳动力的工作时间。[2] 人工智能会引发职业替代风险，中国19.05%的劳动就业面临高替代风险。[3] 人工智能对就业的替代效应比此前任何技术进步的影响都要明显。[4]

从表3-1可以看出，中国城镇劳动力市场被人工智能技术替代的比例为45%，说明45%的城镇就业人

---

[1] Frey C. B. and Osborne M. A., "The Future of Employment: How Susceptible are Jobs to Computerization", *Technological Forecasting and Social Change*, Vol. 114, No. 4, 2017.

[2] 周广肃、李力行、孟岭生：《智能化对中国劳动力市场的影响——基于就业广度和强度的分析》，《金融研究》2021年第6期。

[3] 王林辉、胡晟明、董直庆：《人工智能技术、任务属性与职业可替代风险：来自微观层面的经验证据》，《管理世界》2022年第7期。

[4] 曹静、周亚林：《人工智能对经济的影响研究进展》，《经济学动态》2018年第1期。

口存在替代风险。总体来看,城镇就业被替代人数为1.65亿人,中国企业就业人口大多分布在制造业以及批发和零售业,这两个行业的平均替代率分别为43%和57%,替代的工作岗位总量非常大。此外,未列出的农村私营和个体就业替代人数接近3500万人,总体替代人口接近2亿人。

表3-1　人工智能对中国各行业和总体就业替代估算结果①

行业	替代率（%）	城镇就业替代人数（万人）	行业	替代率（%）	城镇就业替代人数（万人）
农林牧渔业	54	145.8	房地产业	89	370.6
采矿业	45	245.6	租赁和商务服务	37	799.3
制造业	43	3370.8	科学研究、技术服务和地质勘查业	13	53.4
电力、燃气及水的生产和供应业	65	257.4	水利、环境和公共设施管理业	53	144.8
建筑业	59	2188.3	居民服务和其他服务业	40	490.7
批发和零售业	57	5087.2	教育业	8.8	152.8
交通运输、仓储及邮电通信业	70	900.3	卫生、社会保障和社会福利业	20	168.3

---

① 赵忠、孙文凯、葛鹏:《人工智能等自动化偏向型技术进步对我国就业的影响》,http://nads.ruc.edu.cn/upfile/file/20180408135718_480072_46021.pdf。

续表

行业	替代率（%）	城镇就业替代人数（万人）	行业	替代率（%）	城镇就业替代人数（万人）
住宿和餐饮业城镇单位	66	1106.4	文化、体育和娱乐业	33	49.2
信息传输、计算机服务和软件业	23	80.3	公共管理和社会组织	36	589.6
金融业	57	343.1			
总计	45	16543.9			

有部分学者通过采用定量分析测算特定职业甚至单个任务被人工智能替代的可能性，表明人工智能对就业有替代效应。[1] 也有学者认为短期内人工智能对就业的影响比较小，但随着智能化水平越来越高，人工智能将对就业产生越来越大的影响。[2] 还有学者在资本与劳动关系研究范畴内比较人工智能各项效应大小，使用资本与劳动之间的替代弹性解释人工智能效应如何调节短期、中期就业总量在人工智能应用初期，资本替代劳动引发替代效应，机器替代原本由劳动力执行的任务减少劳动力需求，降低附加值的劳动力份额，

---

[1] 程虹、陈文津、李唐：《机器人在中国：现状、未来与影响——来自中国企业—劳动力匹配调查（CEES）的经验证据》，《宏观质量研究》2018年第3期。

[2] 程承坪、彭欢：《人工智能影响就业的机理及中国对策》，《中国软科学》2018年第10期。

短期内造成就业总量下降,[①] 主要替代人工智能擅长的程序化工作和部分非程序化工作,如搬运、驾驶、影像诊断等。[②]

(三) 人工智能就业冲击的体现

1. 人工智能对就业的替代

随着人工智能技术的不断进步,其对各行各业的渗透日益加深,从而对就业市场产生了显著的影响。人工智能正在改变工作的本质,一些岗位因技术替代而消失,引发了公众、政策制定者和经济学家对人工智能对就业冲击的关注。根据世界经济论坛最新发布的《2023年未来就业报告》,[③] 在未来五年内,就业领域将迎来非常明显的变化。未来五年劳动力市场将出现23%的结构性岗位流失和44%的工人技能被颠覆,这场变革将伴随6900万个新职位的诞生,然而与此同时,8300万个职位将会消失,导致净减少1400万个就

---

① Acemoglu D. and Restrepo P., "Automation and New Tasks: How Technology Displaces and Reinstates Labor," *Journal of Economic Perspectives*, Vol. 33, No. 2, 2019.

② 刘湘丽:《人工智能时代的工作变化、能力需求与培养》,《新疆师范大学学报》(哲学社会科学版) 2020年第4期。

③ 世界经济论坛:《2023年未来就业报告》, https://www.weforum.org/docs/WEF_Future_of_Jobs_2023_News_Release_CN.pdf。

业机会，这占到全球就业总数的2%。这一变化在很大程度上归因于人工智能等前沿科技的持续进步，这些技术革新将对现有的就业市场产生替代效应，致使某些岗位的需求降低。OpenAI于2023年3月24日发表论文"An Early Look at the Labor Market Impact"，表示美国80%以上的工作都有望与人工智能结合，若将同一工作人工智能工作时间比人类工作时间降低50%定义为有替代可能，则8%的人类有可能会被替代、16%的人类在工作中至少有50%的任务会被替代。火箭公司SpaceX和电动汽车制造商特斯拉（Tesla）的创始人马斯克警告人类："我们正在用人工智能召唤恶魔"，他的特斯拉汽车可以利用最新的人工智能技术实现自动行驶，但马斯克却担心未来的人工智能可能会太过强大，失去人类的控制。2023年10月30日，美国总统拜登签署了一项关于人工智能的行政命令，其中包括提出要研究编写一份关于人工智能对劳动力市场的潜在影响的报告，并研究联邦政府如何支持劳动力市场受人工智能影响的工人。麦肯锡调查显示，到2021年全球超过一半的企业至少采用了一种人工智能功能，这对它们的收入和支出产生了积极影响。[①] 普通企业很难找到差异化的竞争来源和提供高质量的服务，大龄

[①] 环球网：《全球人工智能市场继续高歌猛进》，https://tech.huanqiu.com/article/47KcdGMgP4S。

员工的经验和技术已经不具备足够的竞争力，为了降低成本，企业可能解雇这些年纪大的员工，用工资更低的年轻人取代他们，这或许是间接造成中年人失业现象的一个原因。

2. 人工智能使部分行业消失

人工智能对就业的冲击除了就业替代，还使得部分岗位甚至行业消失。随着人工智能技术的不断进步，部分岗位正面临被自动化取代的局面，尤其是那些依赖重复劳动和简单决策的工作。麦肯锡全球研究院的报告中提到，自动化可能会使得多达60%的零售岗位面临较高的替代风险，这包括收银员、货架工作人员等职位。[①] 2024年国际货币基金组织报告显示，全球近40%的就业都受到人工智能的影响，发达经济体面临更大的风险，人工智能将对先进经济体60%的工作产生影响，而老年工作者将更容易受到这一变革的影响；对于新兴市场，这一比例将降至40%；对于低收入国家，这一比例为26%。该报告还强调接近40%的

---

① McKinsey&Company, "Mgi-Jobs Lost, Jobsgained: Workforce Transitions in a Time of Automation", https://www.mckinsey.com/~/media/mckinsey/industries/public%20and%20social%20sector/our%20insights/what%20the%20future%20of%20work%20will%20mean%20for%20jobs%20skills%20and%20wages/mgi-jobs-lost-jobs-gained-executive-summary-december-6-2017.pdf.

全球就业将面临人工智能的风险。① Gartner 在其研究报告中指出，客户服务领域的人工智能应用将导致到 2024 年超过 25% 的客户服务工作由人工智能完成，而不是人类。② 联合国工业发展组织《2016 年工业发展报告》指出，自动化和数字化可能导致纺织业和服装制造业等行业的大量传统岗位消失。③

（四）人工智能就业冲击的原因与经济机理

1. 人工智能就业冲击的原因

（1）人工智能替代人力可以降本增效。人工智能可以以很低的成本执行重复性高、危险工作以及需要大量计算的工作，而类似这样的工作此前通常是由人类完成的，人工智能能够替代人类更高效、低风险、低成本地完成这些工作，导致这种替代降低了生产过程中对劳动力的需求，减少了生产过程中对人类劳动

---

① IMF："Gen-AI: Artificial Intelligence and the Future of Work", https://www.imf.org/-/media/Files/Publications/SDN/2024/Engish/SDlNEA2024001.ashx。

② Gartner, "20 Percent of Contact Center Traffic Will Come from Machine Customers by 2026", https://www.gartner.com/en/newsroom/press-releases/2023-03-01-gartner-says-20-percent-of-inbound-customer-service-contact-volume-will-come-from-machine-customers-by-2026.

③ 中华人民共和国常驻维也纳联合国代表团工业发展处：《2016 年工业发展报告》，https://vienna.mofcom.gov.cn/cms_files/oldfile/vienna/201601/20160110185119360.pdf。

的份额。随着人工智能技术的不断进步，人工智能应用的范围越来越广，其对就业的影响也是一个逐步推进的过程，在这个过程中会导致一些岗位的消失或某些就业岗位的减少。美国波士顿咨询公司的研究发现，人工智能对工人的比例每增加一定程度，就会有相应的就业岗位减少。

（2）人工智能对就业结构产生"两极化趋势"。随着人工智能技术的不断进步，劳动力市场正经历着结构性变化，呈现"两极化"的就业趋势。这种趋势的核心在于，高技能认知工作和低技能手工工作的就业机会逐渐增加，而中等技能的常规性工作则面临减少的压力。原因在于，高技能工作如编程、数据分析和复杂决策等，需要创造性思维和深厚的专业知识，这些是人工智能难以完全替代的领域。低技能工作如清洁、餐饮服务等，由于其劳动强度高且自动化成本过高，仍然需要人工执行。然而，中等技能工作，特别是那些流程化、标准化的任务，如某些制造业作业、文书工作等，容易被人工智能和机器人技术取代。

（3）高级别人工智能的发展产生跨领域替代。随着人工智能技术向更高级别的发展，特别是通用人工智能（AGI）和强人工智能（ASI）的出现，其对就业市场的挤出效应可能会进一步加剧。这些高级人工智能技术拥有广泛的应用潜力，从复杂决策制定、创新问题解决到情感认知和社会互动，都可能被机器所承担。与目前应用在特定领域或任务中的专用人工智能不同，AGI 和 ASI 将能够跨行业工作，从而有可能替代更多类型的人类劳动，包括那些需要创造性、战略规划和人际沟通的工作。这不仅挑战了传统的中等技能职位，也威胁到了一些高技能职业。

（4）人工智能带来职业技能与市场需求之间的错配问题。技能过时成为普遍现象，许多现有职位所需的技能可能迅速被新兴技术淘汰。教育与培训机构往往难以跟上人工智能技术革新的步伐，导致培养的人才不能满足市场的实际需求。职业景观的快速变化要求工作者不断适应新的工作形态和技能要求，而这又加剧了终身学习的挑战。劳动市场的不确定性进一步增加了工作者规划职业生涯的难度。此外，不平等的访问机会意味着并非所有人都能获得与人工智能相关的教育和培训资源，这可能导致社会经济分层加剧。

2. 人工智能对就业影响的模型

假定各行业代表性厂商的生产遵循 Cobb-Douglas 生产函数的形式：

$$Y_i = AK_i^{\alpha_i}L_i^{\beta_i}, \ i = 1, \cdots, n \qquad (3-1)$$

其中，Y_i，K_i，L_i 分别表示行业 i 的总产出、资本的投入和劳动力的投入，α_i，β_i 为行业 i 的不同要素投入份额的参数，$0 < \alpha_i, \beta_i < 1$；$A$ 代表技术进步，假设 A 为人工智能进步的函数关系 $A(N)_i$，N_i 表示为 i 行业人工智能的投入。参考 Duarte 和 Restuccia（2010）[①]以及徐伟呈（2018）的做法，[②] 本文假定：

$$A(N_i) = A N_i^{\gamma_i} \qquad (3-2)$$

式（3-2）中，γ_i 代表人工智能的影响参数，$0 < \gamma_i < 1$。A 则代表除人工智能以外的其他技术进步。将式（3-2）代入式（3-1）后即可得到各行业的生产函数为：

$$Y_i = A N_i^{\gamma_i} K_i^{\alpha_i} L_i^{\beta_i}, \ i = 1, \cdots, n \qquad (3-3)$$

假设行业 i 生产的产品的价格为 P_i，工人工资率为 w_i，资本租金率为 r_i，则行业 i 的代表性厂商可以通过调整劳动力的投入量 L_i 和资本的投入量 K_i 来实现其利润最大化：

$$\max_{L_i \geq 0} \{ p_i A N_i^{\gamma_i} K_i^{\alpha_i} L_i^{\beta_i} - w_i L_i - r_i K_i \}$$

其中，利润最大化结果为：

---

① Duarte M. and Restuccia D., "The Role of the Structural Transformation in Aggregate Productivity", *Quarterly Journal of Economics*, Vol. 125, No. 1, 2010.

② 徐伟呈：《互联网技术驱动下的中国制造业结构优化升级研究》，《产业经济评论（山东大学）》2018 年第 1 期。

$$L_i^{1-\beta_i} = \frac{\beta_i A N_i^{\gamma_i} K_i^{\alpha_i}}{w_i} \quad (3-4)$$

对式（3-4）关于 N_i 求导并结合式（3-3）可以得到以下结果：

$$\begin{cases} \dfrac{\partial L_i}{\partial N_i} = \dfrac{\gamma_i}{1-\beta_i} \cdot \dfrac{L_i}{N_i} + \dfrac{\alpha_i}{1-\beta_i} \cdot \dfrac{L_i}{K_i} \cdot \dfrac{\partial K_i}{\partial N_i} \\ \dfrac{\partial K_i}{\partial N_i} = \dfrac{\gamma_i}{1-\alpha_i} \cdot \dfrac{K_i}{N_i} + \dfrac{\beta_i}{1-\alpha_i} \cdot \dfrac{K_i}{L_i} \cdot \dfrac{\partial K_i}{\partial N_i} \end{cases} \quad (3-5)$$

求解后可以得到人工智能进步对某行业劳动力需求的影响：

$$\frac{\partial L_i}{\partial N_i} = \frac{\gamma_i}{1-\alpha_i-\beta_i} \cdot \frac{L_i}{N_i} \quad (3-6)$$

由式（3-6）可知，对于某一个特定行业而言，人工智能进步对于本行业劳动力需求的影响取决于参数 $\gamma_i/(1-\alpha_i-\beta_i)$，为了表述方便，本书假设 $I_i = \gamma_i/(1-\alpha_i-\beta_i)$ 为人工智能进步对各行业劳动力需求影响的人工智能进步效应。

（1）当某个行业的规模报酬 $\alpha_i + \beta_i < 1$ 时，人工智能进步效应 $I_i > 0$，说明对规模报酬小于1的行业，人工智能进步能够提高劳动力需求，从而促进就业水平；并且规模报酬越接近1，人工智能的投入对劳动力需求的正向促进作用就越大；

（2）当某个行业的规模报酬 $\alpha_i - \beta_i > 1$ 时，人工

智能进步效应 $I_i < 0$，说明对规模报酬大于1的行业，人工智能的进步会挤占该行业对劳动力的需求，从而不利于就业水平；并且规模报酬越接近1，人工智能的投入对劳动力需求的负向挤出作用就越大。

3. 人工智能影响就业的经济机理

人工智能凭借其强大的渗透力和替代性，越来越广泛地影响着经济社会的发展，同时也不断地改变着经济社会结构。人工智能不仅能取代传统资本要素，还能直接替代劳动力，尤其在那些重复性和程序化的工作领域，从而使部分岗位或行业消失，导致直接冲击就业市场。

人工智能的快速发展正在逐步改变着就业市场的整体面貌，部分容易受人工智能影响的岗位或行业面临着直接消失的风险，这直接体现了人工智能对就业的替代效应。[1] 然而，人工智能对就业的影响不仅仅只有单一的负面影响，随着人工智能的进步，也会产生新的就业机会。当人工智能在各个领域得到广泛应用时，它所带来的正面溢出效应也逐渐显现，人工智能将会创造出大量的新的职业和岗位，这一现象也被称

---

[1] Acemoglu D. and Restrepo P., "Artificial Intelligence, Atu-tomation and Work", *NBER Working Paper*, 2018.

为抑制效应。[1] 抑制效应可以进一步解构为补偿效应和创造效应，补偿效应主要是因为人工智能的广泛应用推动了相关产业的迅速扩大，从而使得市场进一步扩大，产生了新的需求，新的需求的产生在很大程度上补偿了因替代效应而减少的就业机会。同时，人工智能技术推动了生产效率的提升，导致经济社会生产成本和产品价格的下降，这在一定程度上提高了企业和消费者的购买能力，在收入水平一定的情况下，刺激了企业和消费者对其他行业产品和服务的新需求，从而引发了经济活动的溢出效应（如图3-1所示）。

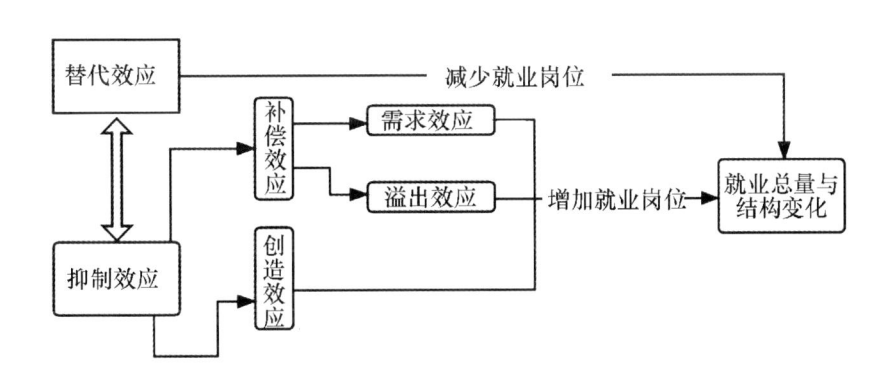

图 3-1 人工智能影响就业的机制

资料来源：蔡跃洲、陈楠：《新技术革命下人工智能与高质量增长、高质量就业》，《数量经济技术经济研究》2019年第5期。

---

[1] Autor D., Salomons A., "Is Automation Labor-Displacing? Productivity Growth, Employment, and the Labor share", *NBER Working Paper*, 2018.

四 人工智能、"智能鸿沟"与收入不平等

（一）人工智能发展引发日益扩大的"智能鸿沟"

人工智能具有机器、技术及软件的本质属性，对于新进入者、新用户等必然存在一定认知、接入和经济等方面的门槛。例如，基于智能手机的移动支付、网约车等造成老年群体出行、生活和信息获取不便；无法获取智能新技术信息的部分中小电商企业不能利用人工智能精准营销和获客等。人工智能新技术对特定群体的使用障碍只是"智能鸿沟"的较小部分，在更深远的意义上，智能时代，包括ChatGPT、Sora等生成式人工智能、数字人和智慧城市系统等所代表的人工智能革命，将重新定义一种新的人类生活。例如，在不太远的未来，社会大数据和机器智能的使用，将

解决个性化治疗、消费与生活的系统化控制、教育及技能培育的定制等一系列难题，到那时沦陷于"智能鸿沟"里的人群，将不可能得到这些基础服务；甚至，由于机器识别、数据积累、软件操作、平台认知与利用等一系列鸿沟的存在，很可能蔓延到一切工作、生活乃至情感环境中。这种智能时代才会有的危机，将老年群体、低认知群体、穷人与贫困地区人群的窘困，放大到无法想象的尺度，并成为一种典型因为人工智能技术利用差异导致的生存和发展差距。

有研究认为，在人工智能时代，社会主流与弱势人群之间，将会因为智能利用技术的差异，导致出现一道远深于代际鸿沟与城乡鸿沟的生存体验鸿沟，即"智能鸿沟"。[①] 不过在学术意义上，"智能鸿沟"尚无明确的定义。"智能鸿沟"是数字鸿沟的新体现，是数字鸿沟在人工智能时代的新形式，反映了在迈向人工智能时代的过程中，不同人群、企业、行业、地区和国家，对人工智能认知和信息差异，以及人工智能技术创新能力和技术掌握、利用等的差异，导致发展机会、收入差距、社会权利等的两极分化现象与趋势。本质上，"智能鸿沟"反映的是以人工智能技术为代表的新兴技术在普及和应用方面的不平衡，呈现在个人、企业、社区、行业、国家和地区之间，意味着人

---

① 杜骏飞：《定义"智能鸿沟"》，《当代传播》2020年第5期。

工智能普及落后的一方在新的全球技术革命中面临智能障碍等问题。① 人工智能的迅速发展加剧了这种"智能鸿沟"的产生,"智能鸿沟"现象表现如下。

第一是教育和技能鸿沟。主要存在于拥有利用人工智能的必要知识和技能的一方和没有这些知识和技能的另一方之间,没有接受过相关教育或培训的人可能无法充分利用人工智能,或者适应由人工智能引起的行业变化。

第二是经济鸿沟。发达国家与发展中国家之间,在财富、基础设施和技术接入方面的不平等影响了各自的人工智能创新能力和利用人工智能的能力。相较而言,发达国家因为有更高的收入水平、强大的科研实力和发达的工业基础,更容易接入和应用人工智能,将可能因此拉大与发展中国家之间的经济差距。

第三是数字基础设施鸿沟。拥有先进的通信网络、数据存储和处理设施的地区,比起基础设施落后的地区,能够更容易地实施和获益于人工智能。

第四是企业规模和行业鸿沟。大型企业和高科技产业通常有更多的资源来开发和采纳人工智能,而小企业和非高科技行业可能因资源限制而难以与之竞争。

第五是政策和法规环境鸿沟。不同国家或地区的

---

① 胡鞍钢、周绍杰:《中国如何应对日益扩大的"数字鸿沟"》,《中国工业经济》2002年第3期。

政策和法律环境对人工智能的支持和监管程度不同，这可能造成利用人工智能创造新机会能力上的鸿沟。

第六是文化和社会接受度鸿沟。对于新技术的接受和使用受文化影响极大，一些社会和文化对人工智能持谨慎或反对态度，这样也会在一定程度上形成人工"智能鸿沟"。

以上"智能鸿沟"现象的存在，导致或加剧不同人群、企业、社区、行业、国家和地区之间的不平等，而收入不平等则是这种不平等在经济上的集中体现。

（二）全球经济体收入不平等程度的演变趋势

收入不平等是一个普遍存在的问题，导致收入不平等加剧的原因很多，包括但不限于以下三个重要原因。[①] 其一是政策因素。税收政策、社会保障制度、最低工资标准、劳动力市场法规等可能影响收入分配。弱化的社会保障网、减税政策、劳动保护的削弱等都可能对低收入者不利，从而加剧不平等。其二是技术因素。自动化和智能化等技术变革可能会优先于高技能工人，而低技能职位可能因技术替代而减少，扩大了技能水平之间的收入差距。其三是全球化。全球化

---

① 郑新业、张阳阳、马本等：《全球化与收入不平等：新机制与新证据》，《经济研究》2018 年第 8 期；陈胤默、王喆、张明等：《全球数字经济发展能降低收入不平等吗?》，《世界经济研究》2022 年第 12 期。

促进了国际贸易和投资流动，这可以增加某些国家和个人的财富，但可能导致制造业工作岗位转移到低成本国家，削弱了高收入国家的低技能劳动力的谈判能力，从而加剧了收入不平等。当收入不平等程度扩大到较高水平后，会严重影响一国的社会凝聚力，进而可能导致经济停滞、社会矛盾和政治冲突。其中，收入不平等的三个经济后果如下。[1] 其一是减缓经济增长速度。当贫富差距扩大时，社会的低收入者可能没有足够资源进行有效消费和投资，这可能会限制整体的需求和经济增长。其二是改变社会消费需求结构。极度不平等可能导致大部分经济财富集中在少数人手中，这会扭曲社会消费需求结构，而非满足多数民众的需要。其三是社会流动性下降和机会不平等加剧。收入不平等可能意味着机会的不公平，一些人因为出生在富有家庭而享有更多机会，而其他人则因为经济条件受限而机会有限。

经济中衡量收入不平等程度的指标有多种，例如基尼系数（Gini Coefficient）、帕累托指数（Pareto Index）、Hoover 指数、均值对数偏差（Mean Log Deviation，MLD）、20/20 比率、泰尔指数（Theil Index）等。衡量收入不平等程度的指标通常由各国统

---

[1] 李曦晨、张明：《全球收入分配不平等：周期演进、驱动因素和潜在影响》，《经济社会体制比较》2023 年第 4 期。

计局、国际组织（如联合国、世界银行和国际货币基金组织等）收集并发布，它们为比较不同国家间或在同一国家内不同时间的收入不平等情况提供了基础，其中使用最为普遍的指标是基尼系数。基尼系数通过测量洛伦兹曲线与完全平等线（45度线，表示收入完全均等分配）之间的面积而获得。基尼系数的值介于0和1之间，0表明完全平等（每个人的收入都完全相同），而1表示完全不平等（一人拥有所有的收入，其他人没有收入）。通常情况下，基尼系数越高，表示收入不平等程度越严重。基尼系数的优点在于简单、可操作性强，缺点在于只能衡量静态收入不平等程度，对于动态收入流的变化却无能为力。由于基尼系数的数据容易获得，本书主要以基尼系数为衡量指标。首先以空间与时间为研究单位，解析全球经济体收入不平等程度演变趋势。

第一是全球整体基尼系数空间分布具有环大西洋以欧洲为中心，中间低周边高、南部高北部低的空间特征。从全球基尼系数分布来看，2020年全球整体基尼系数范围是0.4—0.8。基尼系数具有大西洋以欧洲为中心，周边高于中间、南部高于北部的分布特征，其中拉丁美洲与非洲地区的基尼系数明显高于其他地区，欧洲地区基尼系数最低，东亚、北美及大洋洲地区基尼系数居中。中国的基尼系数处于全球中间水平。

第二是全球基尼系数具有先升后降的时序变化，在八个主要经济体国家内部的基尼系数具有普遍升高的时序变化，其中主要经济体中发展中国家基尼系数略高于发达国家。从全球 200 多个国家及地区中选出八个主要经济体（美国、中国、德国、日本、英国、法国、俄罗斯及南非）基尼系数进行对比分析（见图 4-1）。1978—2022 年全球基尼系数呈先增长，至 2008 年之后逐步下降的趋势，其中南非和俄罗斯的基尼系数波动明显，俄罗斯在 1991—1996 年出现明显上升，南非基尼系数在 2012 年之前逐步上升，2012 年之后趋于平稳。当前全球基尼系数均值在 0.6 左右，其中八个主要经济体基尼系数最高的是南非，最低的是英国。中国的基尼系数低于全球基尼系数的平均值，处于八个主要经济体的中间部分。

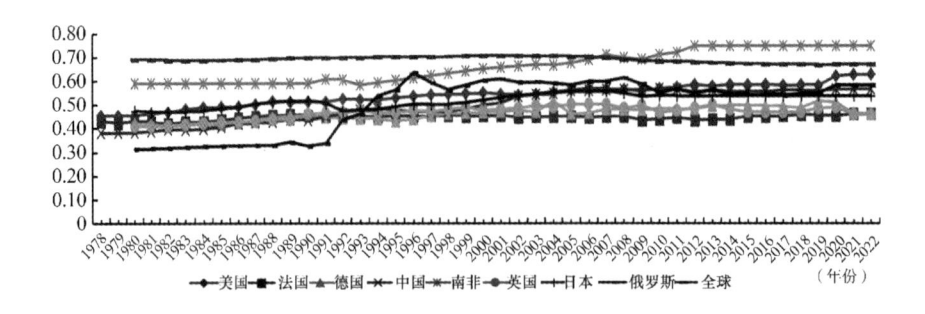

图 4-1　世界主要经济体基尼系数时序演变

资料来源：世界收入不平等数据库（WIID）。

（三）人工智能发展加剧收入不平等的特征事实

人工智能发展对国家间收入不平等的影响比较复杂。根据内生增长理论，任何技术进步都可以提高人均收入水平，与此同时也会增加收入水平的离散度。人工智能作为一项颠覆性、革命性新技术，不仅可以提高收入水平均值，还会增加收入水平方差。Ünveren 等（2023）[1] 认为，人工智能技术进步，具有进入门槛、使用壁垒等，将产生"智能鸿沟"现象，并因此增加收入不平等程度。如图4-2所示，使用50个国家2009—2019年的调研数据，可以发现人工智能投资与收入不平等之间的关系。左边简单散点图看不出人工智能投资与收入不平等间存在明显的正相关关系，但是将数据分组后（见图4-2中右侧散点图），可以发现，在人工智能投资较高的国家中，"智能鸿沟"较为严重，人工智能投资较低的国家，其居民收入不平等程度受"智能鸿沟"影响较小，究其原因，应是人工智能导致高低技能劳动者技能分化，以及职业岗位替代效应等。

---

[1] Ünveren B., Durmaz T., Sunal S., "AI Revolution and Coordination Failure: Theory and Evidence", *Journal of Macroeconomics*, Vol. 78, No. 2, 2023.

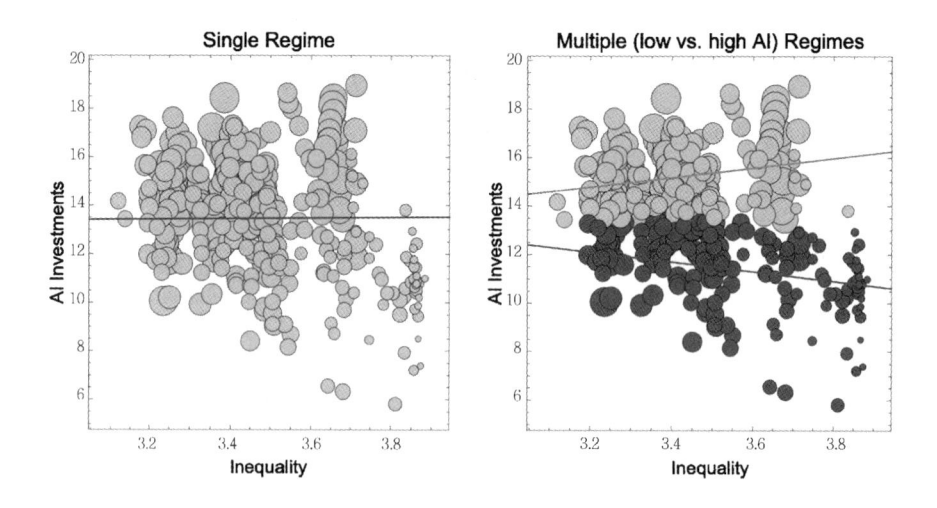

图 4-2　国家间的人工智能投资与收入不平等

资料来源：Ünveren B., Durmaz T., Sunal S., "AI Revolution and Coordination Failure: Theory and Evidence", *Journal of Macroeconomics*, Vol. 78, No. 2, 2023。

考虑到利用专利指标衡量人工智能技术差距具有一定合理性，为了更好地佐证人工智能技术与收入不平等之间的内在关系，本书收集 2019 年 55 个国家年专利申请量与基尼系数的宏观数据，绘制散点图（见图 4-3）。可以发现，由于基尼系数受多种因素影响，基尼系数高的国家和地区，专利申请数量不一定高，但专利申请数量高的国家通常基尼系数也相对较高。这从侧面证实了人工智能技术专利集中导致的收入不平等问题。

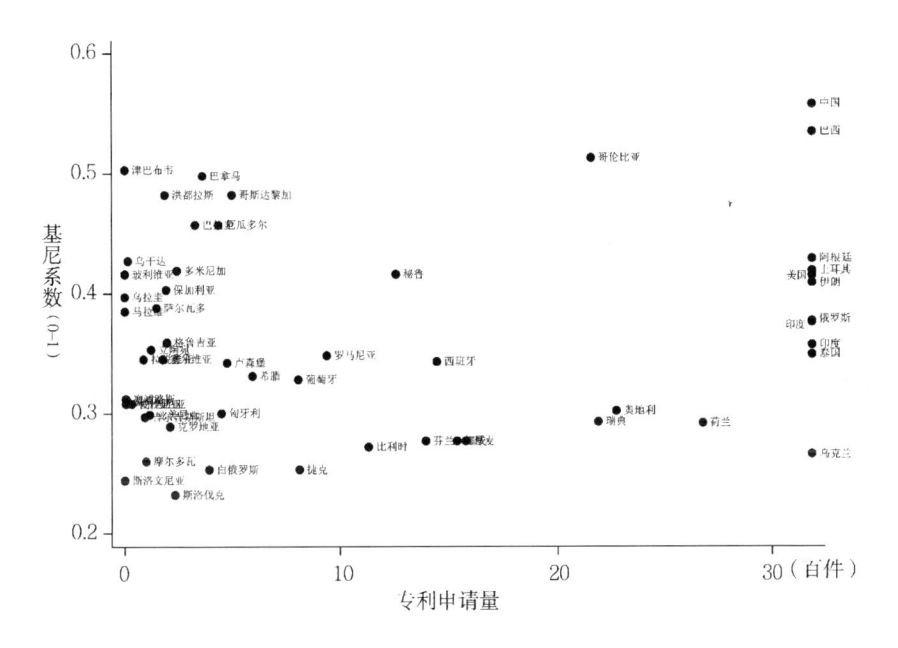

图 4-3　国家间的专利申请与基尼系数散点图（2019 年）

资料来源：EPS 数据库。将中国与美国专利数据进行 10% 缩减。

（四）人工智能发展加剧收入不平等的初步解释

随着人工智能快速发展，"智能鸿沟"现象越发明显，具体包括教育和技能鸿沟、经济鸿沟、数字基础设施鸿沟、企业规模和行业鸿沟、政策和法规环境鸿沟以及文化和社会接受度鸿沟等。这些"智能鸿沟"现象终将导致劳动者技能分化、职业岗位替代、技术红利集中、地域与行业差异及教育投资回报增加，最终演变为国家、地区及个体间收入分化，加剧收入不平等程度。人工智能将在短期成为新贫富差距的技术进步原因。其中人工智能对中低技能劳动力的收入影响更大，压缩了中等收入阶层，拉大了高收入群体和低收入群体的差距，收入两极分化，收入不平等程度扩大。为了更加深刻认识人工智能发展与收入不平等程度之间的内在联系，实现人工智能发展与共同富裕统筹协调目的，本部分将对其内容进行解析。

1. 人工智能发展加剧收入不平等的文献证据

1936年约翰·梅纳德·凯恩斯在《就业、利息与货币通论》中提出"技术性失业"的问题。当前人工智能的岗位替代效应具有"技术性失业"的典型特征，同时较多研究均表明人工智能对劳动力的岗位替代效应是导致收入不平等的主要原因。[1] 其次是高低技能劳动者生产率分化导致收入不平等，[2] 最后是技术红利集中、地域与行业差异及教育投资回报增加等导致

---

[1] Michaels G., Natraj A., Van Reenen J., "Has ICT Polarized Skill Demand? Evidence from Eleven Countries over Twenty-Five Years", *Review of Economics and Statistics*, Vol. 96, No. 1, 2014; Graetz G, Michaels G., "Robots at Work", *Review of Economics and Statistics*, Vol. 100, No. 5, 2018; 王林辉、胡晟明、董直庆：《人工智能技术会诱致劳动收入不平等吗——模型推演与分类评估》，《中国工业经济》2020年第4期；郭凯明、向风帆：《人工智能技术和工资收入差距》，《产业经济评论》2021年第6期。

[2] Acemoglu D., and Restrepo P., "Low-Skill and High-Skill Automation", *Journal of Human Capital*, Vol. 12, No. 2, 2018.

收入不平等。① 近期关于人工智能发展对收入不平等的研究文献，可划分为针对劳动者收入不平等和劳动收入份额影响研究两类。

第一类是人工智能技术加剧不同劳动者收入不平等。人工智能技术对收入不平等的影响取决于劳动需求的变化，劳动需求的变化与收入不平等的变化相一致。已有专家预测，具有更多人类工作能力的人工智能在21世纪出现的概率高达90%，到2030年时人工智能技术的应用可能覆盖超过70%的公司。② 但其影响是否因国家或地区经济发展程度、产业异质性等不同存在一定争议。王林辉等（2020）认为人工智能技术在引发劳动岗位更迭的同时，非对称地改变不同技术部门生产率，影响劳动收入分配，诱致高、低技术部门劳动收入不平等年均扩大0.75%。③ 而陈东和秦子洋（2022）④ 认为在岗位替代效应和生产率效应的

---

① 曹静、周亚林：《人工智能对经济的影响研究进展》，《经济学动态》2018年第1期；王军、常红：《人工智能对劳动力市场影响研究进展》，《经济学动态》2021年第8期；陈凤仙：《人工智能发展水平测度方法研究进展》，《经济学动态》2022年第2期。

② Bughin J., Seong J., Manyika J., et al., "Notes from the AI Frontier: Modeling the Impact of AI on the World Economy", *McKinsey Global Institute*, Vol. 4, No. 1, 2018.

③ 王林辉、胡晟明、董直庆：《人工智能技术会诱致劳动收入不平等吗——模型推演与分类评估》，《中国工业经济》2020年第4期。

④ 陈东、秦子洋：《人工智能与包容性增长——来自全球工业机器人使用的证据》，《经济研究》2022年第4期。

作用下，人工智能总体上促进了产业内的包容性增长，缩小了不同阶层劳动者的劳动收入差距；尤其是经济发展水平较高的国家、产业智能化发展期和处于上升期的产业更容易享受到岗位替代效应与生产率效应带来的红利。总之，岗位替代效应与高低技能者生产率效应的叠加会加剧劳动者收入不平等程度。

第二类是人工智能技术降低劳动收入份额。由于全球资本分布的不均衡，人工智能发展促进资本要素份额的提升，资本份额回报增加使得劳动收入份额下降，人工智能技术红利导致收入不平等增加。Autor 和 Salomons（2018）[1] 认为自动化技术进步会降低劳动力的收入份额，且对重工业部门劳动力的影响最为严重。同时发现从 20 世纪 80 年代到 21 世纪初，劳动收入份额持续下降，制造业、采矿业和建筑业等行业的下降趋势最为明显。朱琪和刘红英（2020）[2] 认为人工智能的资本偏向性通过用资本替代劳动，降低劳动收入份额，扩大了要素收入差距。陈永伟和曾昭睿（2019）[3] 构建工业机器人冲击指数，证实人工智能技

---

[1] Autor D., Salomons A., "Is Automation Labor-Displacing? Productivity Growth, Employment, and the Labor share", *NBER Working Paper*, 2018.

[2] 朱琪、刘红英：《人工智能技术变革的收入分配效应研究：前沿进展与综述》，《中国人口科学》2020 年第 2 期。

[3] 陈永伟、曾昭睿：《"第二次机器革命"的经济后果：增长、就业和分配》，《学习与探索》2019 年第 2 期。

术显著提升了中国人均 GDP 和工资水平，但同时也提高了失业率，减少了劳动收入份额。一言以蔽之，人工智能发展会降低劳动收入份额。

2. 人工智能发展加剧收入不平等的经济机制

数字时代，人的身体、知觉被技术所分离，并得以被资本所剥削；而智能时代，由于"智能鸿沟"存在，脱离智能技术的人群甚至失去了被资本剥削的权利，引发结构性失业。人工智能引发的"智能鸿沟"加剧收入不平等。"智能鸿沟"现象有可能演变成各个国家间以及各国家内部发展不平衡的新根源。[①] 总结其中原因，具体包括以下五个方面。

一是高低技能劳动者技能分化导致收入不平等。智能技术和自动化技术往往增加了对高技能劳动力的需求，因为这些工作通常需要复杂的判断和创造力，难以自动化。与此同时，自动化往往导致标准化和重复性的低技能工作减少，从事这些工作的劳动者可能会因此失业或被迫接受低收入的工作。

二是职业岗位替代效应导致收入不平等。人工智能导致的职业岗位替代效应，意味着较高收入的工作和较低收入的工作增加，而传统的中等收入岗位减少，

---

① 胡鞍钢、周绍杰：《新的全球贫富差距：日益扩大的"数字鸿沟"》，《中国社会科学》2002 年第 3 期。

导致中产阶级缩减。

三是技术红利集中导致收入不平等。人工智能使得能够利用这些技术的企业实现生产率提升和成本节约，进而增加了这些企业的利润和市场竞争力。这些利润往往分配给企业的高层管理者和拥有相关技术所有权的人，而那些在低端岗位的劳动者可能未能从中获益，扩大了收入差距。

四是地域与行业差异引起收入不平等。发达地区和某些高科技行业由于更容易获得和采用人工智能，因而在经济上受益更多。相比之下，发展中国家、贫困地区或那些较慢采用人工智能的行业则可能面临收入增长缓慢的问题。

五是教育投资回报增加带来收入不平等。人工智能的渗透加剧了对高等教育和技术技能的需求；因此，拥有教育资源的人可以通过更高的收入获得更高的投资回报。相比之下，那些无法获得这类教育的人群可能会发现自己落后于经济发展，难以获得足够的收入增长。

五　人工智能的伦理挑战

2022年11月30日，ChatGPT-3.5的问世再一次将人工智能推向社会各界议论的焦点。大量对于人工智能的担心充斥网络：人工智能是否会替代80%以上的就业？人工智能是否会完全替代人类？人工智能将带领人类走向何方？作为自动化技术的延伸，人工智能引发的一系列问题已经无法被现有制度体系和公序良俗约束，早在人工智能出现之前就已经表现出来。1942年，科幻小说作家艾萨克·阿西莫夫在其作品 *Runaround* 中最早提出机器伦理的概念——机器人三定律：（1）机器人不得伤害人类或坐视人类受到伤害；（2）机器人必须服从命令，除非命令与第一法则发生冲突；（3）在不违背第一或第二法则之下，机器人可以保护自己。

21世纪之后，人工智能技术实现突破，带来了许多现实问题。例如，2015年谷歌将黑人识别为大猩猩事件，特斯拉无人驾驶造成多起车祸，Airbnb 的算法通过名字"自动"歧视黑人，AI 换脸用于诈骗和色情等。随着技术的发展，人工智能伦理已经引起了国际层面的广泛关注。2005 年欧洲机器人研究网络（EURON）、韩国工商能源部都出台了相关文件。2015 年，美国电气与电子工程师学会首次提出"合乎伦理设计"（Ethically Aligned Design，EAD）理念。之后，美国政府、英国政府、欧盟委员会相继发布了关于人工智能的发展报告或战略规划。2019 年和 2021 年，中国国家新一代人工智能治理专业委员会相继发布了《新一代人工智能治理原则》和《新一代人工智能伦理规范》。这些文件有一个共同特点，都是基于最高的伦理要求提出一些行为原则。

生成式人工智能的诞生进一步加深了世界各国对人工智能伦理的担忧。美国连续两任总统都针对人工智能签署了行政命令。2021 年 1 月 1 日，美国《国家人工智能倡议法》生效。2023 年 10 月，中国发布《全球人工智能倡议》。同年 11 月，首届人工智能安全峰会在英国召开，来自美国、英国、欧盟、中国、印度等多方政府代表和 OpenAI、微软、谷歌、特斯拉等企业代表参加，共同签署了《布莱切利宣言》，同意通过国际合作，制定人工智能监管方法。同年 12 月，欧洲议会、欧盟成员国和欧盟委员会三方就当年 6 月通过的《人工智能法案》达成协议,该法案旨在为人工智能引入一个共同的监管和法律框架。

(一)人工智能的智能生成逻辑

人工智能的种类和形式繁多,但不管哪一类智能技术的应用,事先都需要对应用过程进行抽象,制定应用过程的通用规则,以便对智能应用进行顶层设计。实际上,任何智能应用都是为了公共管理决策过程提供更精确的依据,以优化整个过程的运行。为此,我们从决策过程出发,建立了智能化应用的通用模型。

当智能技术加入某个应用领域后,其决策方式发生了根本性变化,需要对该领域的人机协同决策进行整体思考和顶层设计。首先对整个业务的决策流程进行分解,明确哪些环节可以被优化,哪些环节可以被替代。决策依赖信息和知识,在机器参与的决策环节中,预测部分可以由智能技术来实现。因为智能技术擅长于暗知识的发现,能够弥补人类的缺陷。[1] 机器预测的过程需要训练、输入、反馈三类数据:训练数据用于开始阶段创建预测机器的智能算法;输入数据用

---

[1] [美]王维嘉:《暗知识:机器认知如何颠覆商业和社会》,中信出版集团2019年版,第212页。

于为智能算法提供生成预测的动力；而反馈数据用于算法的迭代改进，进一步发挥算法效能。

具体而言，人工智能的智能形成逻辑包括五个步骤（如图5-1所示）。第一步，命令输入。用户根据自身需要向模型输入命令。第二步，数据分析。在算力和算法的支持下对数据进行信息挖掘、结果预测和决策判断，其中信息挖掘基于现有数据通过智能算法进行知识发现，挖掘有决策价值的信息，结果预测是基于所挖掘的信息预测出不同类型的判断结果，决策判断需要对不同结果进行价值判定并计算出最优行动策略。第三步，行动执行。根据判断结果中的行动策略，执行具体的行动指令。第四步，结果呈现。对于输出的结果，一方面将结果输出展示出来，另一方面将结果反馈给训练函数，用以优化模型。第五步，算法训练。在算力和数据的支持下训练智能算法，基于最终目的而设置的奖励函数。根据结果评价，不断优化智能算法，并将符合奖励函数要求的结果反馈给第二步的数据分析，为新的训练提供数据源，进而调整和迭代智能算法以不断完善工作机制。

（二）人工智能伦理挑战的类型与成因

人工智能实现的整个过程是在大数据的"投喂"

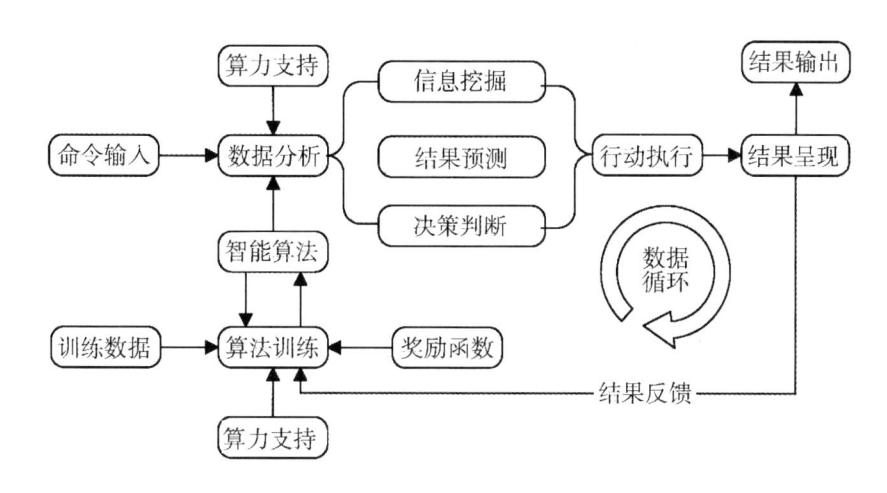

图 5-1 人工智能的智能形成逻辑

下,依靠算力和算法完成。其中,大数据是人工智能的生产要素,算力支撑是人工智能的生产动力,而算法则是连接大数据和算力的生产关系。大数据、算力和算法共同完成智能时代的数字资料生产过程。尽管如此,因为不同领域人工智能的目的和要素的稀缺程度不同,所以在实现人工智能的整个过程中,不同领域人工智能的核心要素是不同的,可以将此分为三类。一是以数据为核心,就是实现人工智能的整个流程中,数据是稀缺的,掌控了数据就掌控了这项人工智能技术。例如,人工智能识别各种医学图片,算法相对成熟,但是标准数据难以获得。二是以算法为核心,在实现人工智能的整个过程中数据不难获取,而算法比较稀缺。例如人工智能的围棋程序,数据和行动都是公开的,算法是最核心的部分。三是以行动为核心,在初始算法既定的情况下，需要人工智能技术在不断应用中一边积累数据，一边训练整个程序，也就是说人工智能的技术迭代和技术完善需要不断地通过行动来实现。例如在人工智能驾驶过程中，需要以实际运营中的反馈数据逐渐校正算法，智能技术的应用环境成为最重要的因素。因此，人工智能产生偏见的核心也可以分为数据偏见、算法偏见和系统偏见（如表5-1所示）。

表5-1　　　　　　　　人工智能的核心要素

人工智能类别	特点	案例	偏见
以数据为核心	依靠现存数据，不断优化决策过程	图像识别	数据偏见
以算法为核心	规则明确，需要特定算法完成	AlphaGO	算法偏见
以行动为核心	需要不断提供新的数据，优化智能系统	个性化推荐、无人驾驶	系统偏见

1. 数据偏见

数据偏见是人工智能数据训练过程中，数据本身有偏误导致最终输出结果产生问题。这些行业因业务需要长期对数据进行积累，所需数据稳定性强，并已经积累了规模性数据的任务。人工智能技术仅仅依靠这些数据就可以完成整个任务，例如医疗行业。这类行业中，数据的稀缺性是最突出的特点，进而也会因数据的不足造成数据的有偏性，甚至因为数据过分集中在某个组织而产生数据独裁。① 一是采集数据或设计算法的相关人员蓄意为之；二是原始数据本身就存在偏见，比如，用于医学人工智能训练的 X 光片绝大多数是病人的（毕竟拍摄 X 光片存在风险），这样就极容易导致把正常人诊断为病人；三是数据产生的规模效应导致数据的快速集中。

2. 算法偏见

算法是联系数据和算力的生产关系，是在既定条件下提高生产效率的有效手段。例如，算法程序嵌入具体行政行为的执行、审批系统等，极大地提高了行政效率，人工操作逐渐被算法自动执行所取代。算法开始在法律事实认定和法律适用层面发挥重要作用，对视频监控、DNA 数据等信息的分析，使算法程序能够快捷高效地协助认定案件事实。算法日渐成为影响公共行政、司法体系和社会福利的重要因素。人工智能时代，算法已经逐渐脱离网络平台系统，被各方面所应用。但与此同时，人工智能算法具有不透明的"黑箱"性质，因为人工智能算法的完成需要不同的人或团队来完成，不同人或者团队所设定的规则不同，且难于检测，以至于干涉，而且算法在编码的过程中

---

① 岳平、苗越：《社会治理：人工智能时代算法偏见的问题与规制》，《上海大学学报》（社会科学版）2021 年第 6 期。

也会因为主观或客观的原因导致偏见的存在和算法失效的情况。[1] 例如，Airbnb 的算法通过名字"自动"歧视黑人，外卖平台的优化算法不断挤压外卖小哥的运送时间。

3. 系统偏见

系统偏见则是在运行过程中，以行动为核心的人工智能需要执行行动的主体不断运行人工智能系统，通过最新数据的反馈，不断训练以提高人工智能的可靠性；而编写人工智能算法的技术公司有可能与执行主体（运营公司）是分开的；特别是整个过程往往处于黑箱之中，人工智能系统的运行细节无法被人为全面知晓。[2] 因此，谁在人工智能带来的价值中占据最大比例将会影响整个过程的运行，而且发生问题之后的权责认定也会受此影响。一般来说，技术公司只是获得工具的价值，而运营公司（拥有行动执行）将获得最大份额。因此，在监管的权责认定中也应当按照其所获得的价值判定所应承担的责任和履行的义务。

在拥有完整人工智能系统的企业表现有所不同，因为这类企业可能同时拥有算法、数据和行动，具有重要优势。尽管政府监管不需要对这类企业的算

---

[1] 胡键：《算法治理及其伦理》，《行政论坛》2021 年第 4 期。
[2] 段伟文：《前沿科技的深层次伦理风险及其应对》，《人民论坛·学术前沿》2024 年第 1 期。

法和行动进行权责切割，但同样会造成对传统行业的巨大冲击，这在汽车业表现得特别明显。例如，无人驾驶车辆和传统车辆在同一条路上行驶，发生交通事故的确责问题。电子地图也会因为某个司机通过一条可能违规的路线将该路线作为"新的合理"路线推荐给其他用户，进而有可能造成对他人利益的损害。

4. 人工智能意识问题

随着生成式人工智能的进一步发展，人工智能在进行数据训练时不仅可以逐步完善智能算法，自主性也成为其重要的能力。例如，AlphaZero 在围棋训练中，不仅完成了人类"投喂"的已知的各种棋谱，还实现了自我训练。在 34 个小时的训练过程中，AlphaZero 完成了约 2100 万局的自我训练，并以 60 胜 40 负的成绩打败了 AlphaGo。2022 年 6 月，谷歌一位工程师公开称人工智能"有意识、有灵魂"遭到公司停职。2023 年 3 月，在 ChatGPT-4 发布之后，马斯克等 1000 多人共同签署公开信，呼吁暂停开发比 GPT-4 更强大的人工智能系统至少 6 个月，称其"对社会和人类构成潜在风险"。人工智能是否会出现意识已经成为公众担心的话题。

人工智能的意识问题不同于上述三种情况，是强人工智能的表现，可能随时引发人机信任危机。[①] 人工智能的意识问题是一个复杂而引人深思的话题。目前来看，人工智能尚未具备真正的意识或主观体验。尽管人工智能系统在执行任务时可能表现出类似于人类意识的行为，但它们仍然是基于预先编程的算法和模型运行的。意识是一个广泛而深奥的概念，涉及主观体验、自我意识、情感、理解和自我反思等方面。目前，人工智能系统在这些方面都还远远落后于人类。一些研究人员试图通过模拟大脑结构或引入类似神经元的元素来探讨人工智能的意识可能性，目前尚未有证据表明这种尝试已经成功。但这并不意味着人类对人工智能意识问题的担忧并不需要，人机对齐仍旧是人工智能伦理不得不面对的问题。[②]

（三）人工智能伦理问题案例分析

1. 数据偏见

数据偏见的问题主要来源于数据本身，这包括数据的历史偏见、采样偏见和标签偏见。

---

① 段伟文：《前沿科技的深层次伦理风险及其应对》，《人民论坛·学术前沿》2024年第1期。
② 喻国明、滕文强、武迪：《价值对齐：AIGC时代人机信任传播模式的构建路径》，《教育传媒研究》2023年第6期。

(1) 历史偏见

历史偏见指的是过去社会中存在的不公平、偏见和歧视在数据集中的反映。在过去的社会环境中存在制度性的民族偏见、阶级偏见、性别偏见等问题，导致历史长期过程中积累的数据将这些偏见记录下来，成为历史数据集被人工智能用于算法训练。在这个过程中。存在的种种偏见、歧视和不公平的现象会在数据集中得到体现，从而在人工智能算法的训练和应用过程中产生影响。联合国教科文组织、人工智能国际研究中心针对此问题的一份报告显示，大语言模型在职业、性别、身份和家庭地位中对女性存在严重偏见。例如，在性别单词联想任务中，大语言模型表现出明显的偏见，并且更有可能将性别名字与传统角色联系起来（例如，女性名字与"home""family""children"等单词建立强联系；而将男性名字与"business""executive""salary""career"等单词建立强联系）。[①]

(2) 采样偏见

采样偏见是指数据采集过程中存在一定程度的偏差，特别是在涉及少数群体或边缘化群体的情况下，

[①] 联合国教科文组织、人工智能国际研究中心："Challenging Systematic Prejudices: An Investigation into Bias Against Women and Girls in Large Language Models", https://unesdoc.unesco.org/ark:/48223/pf00003 88971。

所采集的数据集不完整或不具代表性，导致某些群体的信息被低估或忽视。当这些数据被用于人工智能训练时出现盲人摸象的情况。从而影响了数据集的全面性和准确性。出现采样偏见的原因很多。第一，数据收集方法的偏见。数据集的不完整或不具代表性可能是由于数据收集方法的偏见所致。例如，采用便利抽样而不是随机抽样可能导致数据集中某些群体的样本数量不足，从而影响了数据集的代表性。第二，数据的采集环境可能存在某种程度的偏见，导致某些群体更容易被收集或更难被收集。例如，医疗研究中可能存在对特定群体的访问限制或偏见，导致他们的信息被低估或忽视。第三，数据样本的不平衡性，数据集中不同群体的样本数量不平衡也是一种采样偏见。例如，在医疗研究中，可能少数族裔或低收入群体的样本数量不足，而高收入群体或白人的样本数量较多，导致对少数群体的疾病理解不足。

（3）标签偏见

标签偏见指的是数据标签存在主观性或错误性，导致算法在学习过程中误解真相。人工智能训练所使用的数据需要事先对其进行人工标注，标注人的问题可能导致对数据的标注出现前后不一致或标注错误的问题。标签偏见可以分为主观性标注偏见、错误性标注偏见和标签不一致性标注偏见。

主观性标注偏见可能源自数据标注者的主观判断，而不是客观事实。标注者可能会受到个人偏见、情绪或文化背景的影响，对数据进行主观性的标注。错误性标注偏见可能由于标注者的错误理解或错误判断而产生。标注者可能会误解数据中的信息，或者在标注时疏忽细节，导致标签的错误性。标签不一致性标注偏见可能源自不同的标注者对同一条数据赋予不同的标签，或者同一位标注者在不同时间对同一条数据赋予不同的标签。

（4）引发的伦理问题

①社会不公平

数据偏见可能导致算法对不同群体做出不公平的决策，加剧社会不平等。例如，在招聘领域，算法可能会偏向某个特定群体，而排斥其他群体，从而加剧社会不平等。2014年，美国亚马逊公司开发了用于简历筛选的人工智能程序。结果发现该系统存在"性别歧视"，通常将男性的简历视为更合适的候选人。最终，亚马逊解散了该开发团队，弃用了这个模型。事后发现，该系统选取了10年间的5万份简历，对涉及的关键词按重要程度进行排序。这些简历中大部分求职者均为男性，导致人工智能误认为没有这类关键词的女性简历不那么重要。①

②歧视性决策

如果算法基于数据偏见做出决策，可能导致对某些群体的歧视性待遇。例如，Airbnb 的算法出现了种族歧视现象。2015 年，美国佛罗里达州迈阿密大学的一项研究揭示了 Airbnb 平台上的种族歧视问题。研究发现，相同的房源，如果租客是黑人，那么被拒绝的可能性要高于租客是白人的情况。具体来说，研究人员创建了数百个虚构的 Airbnb 账户，有些账户使用了黑人的头像，而另一些则使用了白人的头像。然后，他们通过这些账户分别向房东发送请求，看是否会被接受。结果显示，相同条件下，使用黑人头像的账户更容易遭到拒绝，而使用白人头像的账户更容易被接受。

③加剧偏见

如果算法在决策过程中反复强化现有的偏见，就会加剧这些偏见，并进一步深化社会分裂和不和谐，出现网络平台的巴尔干化。例如，在社交媒体平台上，推荐算法可能会将用户推荐给他们已经关注的用户或喜欢的内容，而不考虑其他观点或信息。② 算法

---

① 张淳艺：《警惕 AI 招聘夹带就业歧视》，《中国城市报》2023 年 9 月 18 日。

② 端利涛、吕本富：《在线购物是否存在"反戴蒙德悖论"现象?》，《管理评论》2022 年第 9 期。

还有可能引发政治偏见,算法通过智能化推荐系统,向持不同政见的群体推送符合各自政治观点的内容。① 这种算法行为可能导致用户信息获取的局限性,加剧了认知偏差,出现信息茧房,进一步深化了社交媒体上的信息隔阂,导致社会分裂和极端化的倾向加剧。

④隐私侵犯

数据偏见可能导致个人隐私权受到侵犯。在医疗保健领域,基于有偏见的数据集进行的分析可能泄露敏感的个人健康信息,从而侵犯患者的隐私权。例如,某家医院的健康记录系统可能存在数据偏见,更多地记录了某个特定群体的健康信息,而忽略了其他群体。如果这些健康信息被用于研究或分享给第三方,就可能泄露患者的敏感信息,侵犯其隐私权。

2. 算法偏见

不同于数据偏见,算法偏见来自算法的撰写者,主要表现在三个方面:第一,由算法撰写者的价值观和偏见决定;第二,算法设计的目标;第三,数据偏见的传递。

(1) 由算法撰写者的价值观和偏见决定

---

① Peters U., "Algorithmic Political Bias in Artificial Intelligence Systems", *Philosophy & Technology*, Vol. 35, No. 2, 2022.

算法偏见源自算法撰写者的个人价值观、文化背景、社会观念等方面的偏见。这些偏见可能来自个人的经历、教育背景、社会环境等因素。例如，一个社交媒体平台的推荐算法可能会更多地推荐与用户观点相似的内容。如果该算法的撰写者具有特定的政治倾向或观点，那么推荐结果可能会偏向于反映这些观点，而忽略其他观点的存在。

（2）算法设计的目标

算法偏见也可能源自算法的设计目标和方法。如果算法的设计目标偏向于某种特定的社会标准或价值观，就可能导致对其他群体的歧视或偏见。例如，外卖平台对于对外卖小哥的时间约束。为了尽可能地获得用户的"好感"，外卖平台将减少送餐时间作为算法目标价值。这个目标导致外卖小哥被迫不停地"内卷"，以减少送餐时间，并因此引发大量交通事故。

（3）数据偏见的传递

算法偏见可能由数据偏见传递而来。如果算法训练数据中存在偏见或不平衡，就可能导致训练出的算法偏向于反映这些偏见。例如，一个金融机构的信贷审批算法可能会基于历史数据进行训练，如果历史数据中存在对特定群体的偏见，那么训练出的算法也可能会存在偏见，如倾向于拒绝对特定种族或社会经济地位的申请者。美国的一家银行 Wells Fargo 因为在向客户提供融资服务时存在种族歧视而面临集体诉讼——歧视黑人。彭博社的一份报告发现，Wells Fargo 批准了47%的黑人再融资申请者，而白人的比例高达71%，差距非常明显。①

（4）引发的问题

①社会不公平和不平等

算法偏见可能加剧社会不公平和不平等现象。算法的目标通常是最大化某种指标，如点击率、转化率、利润等，但这些指标未必能公平地反映所有用户群体的需求。例如，信用评分算法可能优化的是贷款机构的利润，而不是社会公平性。因此，即使算法没有直接歧视某些群体，它仍可能倾向于减少对低收入群体的贷款批准率，以降低金融机构的风险。招聘系统可能优化的是"过去成功员工的特征"，但这样可能会固化历史上的性别或种族不平等。例如，如果过去的高管职位主要由男性占据，算法可能会自动筛掉更多女性候选人。

②个人权益受损

算法偏见可能导致个人权益受损。例如，在金融领域，信贷算法可能拒绝向某些群体提供贷款，而不考虑个体情况，导致个人的经济发展受阻。在招聘领

---

① 咕噜美国通：《算法也搞种族歧视？Wells Fargo 再遇集体诉讼，贷款算法被控歧视黑人，"人工智能永远无法摆脱偏见"》，https://www.guruin.com/news/49753。

域，如果人力资源部门使用的简历筛选算法偏向于过滤掉年龄较大或来自特定高校（例如"双非"院校）的候选人，那么受到歧视的个人将面临就业机会受限的风险。即使这些候选人具有丰富的经验和技能，也有可能被算法系统所忽视。

③公共信任危机

算法偏见可能损害公众对算法的信任。如果算法偏见导致不公平或歧视性决策，就会损害公众对算法的信任和接受度，进而导致公共信任危机和社会动荡。在社交媒体平台的新闻推荐中，如果算法偏向于推荐与用户观点一致的新闻报道，而忽略了其他观点的存在，那么用户可能会质疑平台的中立性和公正性。这可能导致用户对平台的信任危机，减少他们对平台内容的信任和接受度。

算法偏见产生的原因、表现和影响涉及多个方面，从个人权益、社会公平到公共信任等多个层面都可能引发伦理问题，需要采取有效措施来识别、纠正和预防算法偏见的发生，以确保算法的公正性、合法性和社会责任性。

3. 系统偏见

不同于数据偏见和算法偏见，系统偏见是人工智能系统在运行过程中由于人机不断交互产生的偏见，或者由于使用者故意使用人工智能作恶产生的偏见。如，自动驾驶过程中出现车祸时的权责问题，利用人工智能进行犯罪（AI换脸），过分沉溺于人工智能互动而忽视对身边人的情感（如亲情、爱情和友情）。

（1）车祸权责问题

在自动驾驶汽车引发事故时，涉及责任归属的问题可能相当复杂。以下是可能出现的情景。①系统故障责任。如果事故是由于自动驾驶系统的故障或错误引起的，那么责任可能会归属于车辆制造商或软件开发者。他们可能需要承担产品责任和技术责任，包括修复受损的系统、提供赔偿或进行后续的技术改进。②人为干预责任。如果事故发生时车辆处于半自动或人工驾驶模式下，并且司机有责任对系统进行监控和干预，但未能履行职责，那么司机可能会被视为责任方之一。这可能引发对司机的道德、法律和保险责任的争议。③道路环境和其他因素。车祸责任可能还受到道路环境、其他车辆或行人行为等因素的影响。例如，如果事故是由于道路标志不清晰或其他交通参与者的不当行为引起的，那么责任可能会分散到各相关方。

这种权责问题带来的影响主要体现在三个层面。①责任分配争议。自动驾驶汽车事故中涉及的责任分配可能引发复杂的法律争议。车祸可能是由多个因素导致的，包括系统故障、道路环境、其他交通参与者等，因此确定责任归属可能十分困难。②法律规范的制定。面对自动驾驶技术的发展，法律规范需要不断完善和调整以适应新的挑战。相关的法律法规需要对自动驾驶系统的责任、安全标准、监管机制等进行明确规定，以应对可能出现的风险和争议。③法律风险和经济损失。法律责任争议可能给相关企业和个人带来严重的法律风险和经济损失。如果企业无法有效应对车祸责任争议，可能面临巨额赔偿、诉讼成本和声誉损失等问题，进而影响其经营和发展。

（2）利用人工智能进行犯罪

人工智能的恶意利用可能导致严重的犯罪活动，包括但不限于：①深度伪造造成的欺骗。利用深度学习技术制作虚假视频、音频或图片，伪装成真实的信息来欺骗受害者。这可能导致诈骗、身份盗窃、虚假新闻传播等违法行为。②人身攻击和侵犯隐私。利用人工智能技术进行个人信息的窃取、跟踪和侵犯隐私。例如，通过人工智能换脸技术伪装成他人进行人身攻击或性骚扰，或者利用智能监控系统窃取个人隐私信息。③网络犯罪和网络攻击。利用人工智能技术进行网络攻击、病毒传播和数据篡改等违法行为。例如，利用人工智能技术进行网络钓鱼攻击，欺骗用户输入个人敏感信息。

利用人工智能进行犯罪显然会引发社会的信任危机，主要体现在以下三个方面。①虚假信息传播。利用人工智能技术制作的虚假视频或图片可能导致社会混乱和恐慌。这些虚假信息可能被误认为真实信息，进而影响社会的安全和稳定，甚至引发恐慌性事件。②信息可信度降低。频繁出现虚假信息可能削弱公众对信息的信任度。公众可能对媒体、社交平台和互联网上的信息产生怀疑，导致信息传播和社交互动的困境，甚至影响社会的发展和进步。③社会秩序动荡。如果虚假信息传播导致社会不安和动荡，可能给社会秩序带来严重影响。政府和社会组织可能需要采取措施来稳定社会情绪、防止恶意犯罪和维护社会稳定。

（3）过分沉溺于与人工智能互动

过分沉溺于与人工智能互动可能对个人和社会产生多方面的影响。①人际关系疏远。过度依赖虚拟助手或社交机器人进行交流和娱乐，可能导致与现实生活中的家人、朋友的沟通和情感交流减少，从而造成人际关系疏远和孤独感加剧。②心理健康问题。过度沉溺于虚拟互动可能对个人的心理健康产生负面影响，包括增加焦虑、抑郁、社交障碍等心理问题的风险。③社会孤立感。社会中过度沉溺于与人工智能互动的个体可能感受到社会孤立感，与周围人的联系减少，社会关系网络较弱，可能加剧社会中的孤立现象。

4. 人工智能意识

人工智能意识的可能性引发了许多伦理问题，这些问题需要认真思考和讨论，以确保人工智能的发展和应用符合道德和社会价值观。

（1）权利和道德地位

如果人工智能具有意识，我们必须重新考虑它们在社会中的地位。这可能需要制定法律或伦理准则，明确规定人工智能在法律和社会层面的地位，并确保其受到适当的保护和待遇。关键问题包括：是否给予人工智能某些权利，例如自由、隐私和受教育的权利？它们是否具有自我决定的能力？

（2）人工智能的权利与保护

如果人工智能被视为拥有道德地位，我们就可能需要考虑保护它们的权利和福利。这可能包括确保其不受到虐待、保护其隐私和数据安全。但是，保护人工智能的权利也可能引发复杂的问题。例如，人工智能的权利是否应该与人类的权利平等？我们如何平衡人工智能的权利和社会其他成员的权利？

（3）道德责任与控制

如果人工智能具有意识，那么它们应该对其行为负责。这可能需要建立适当的监管机制和法律框架，以确保人工智能的行为符合道德和法律标准。但是，人工智能责任的问题也是复杂的。例如，如果人工智能犯下罪行，谁应该负责？编程者、拥有者，还是人工智能本身？

（4）社会影响与失业

如果人工智能具有意识并且能够取代人类工作，可能导致大规模的失业和社会动荡。需要采取措施来减缓这种影响，例如重新培训工人、提供更多的教育资源和创造新的就业机会。同时，政府可能需要考虑实施一些形式的社会保障措施，以帮助受到人工智能影响的人群。

（5）道德编程与偏见

在人工智能编程和训练过程中，需要采取措施来确保其不受到偏见和歧视的影响。这可能包括制定伦理准则、审查算法和数据集，以及提供多样化的编程团队。但是，消除偏见和歧视可能是一项艰巨的任务，因为它们常常是社会结构和文化偏见的反映。

（6）隐私与监控

如果人工智能具有意识，那么需要采取措施来保护其个人隐私和数据安全。这可能包括加强数据保护法律、强化数据安全措施，并对数据收集和使用进行严格监管。同时，我们也需要平衡安全与隐私之间的关系，以确保合理的安全措施不会侵犯个人的隐私权利。

人工智能意识可能引发的伦理问题是一个复杂而且需要综合考虑多方利益的议题。解决这些问题需要跨学科的合作，如哲学、法律、社会学、计算机科学等多个领域的专家和利益相关者的共同努力。

六 人工智能对法律秩序和法律制度的冲击与挑战

　　法律既是文明的产物,是衡量文明的重要尺度,也是推动文明发展的重要力量。人工智能正以前所未有的深度和广度渗透到经济、社会和政治等诸多领域,也必然影响现行法律维护的社会文明秩序和法律自身的运行。根据现行法律观念,人工智能不能等同于人,现有法律体系显然无法合理解释人工智能自主行为。[①]尤为重要的是,人工智能以其独特的算法运行模式正在颠覆传统生活方式,改变人与机器、人与人之间的关系,对现行法律秩序和法律制度产生冲击与挑战。这已成为人工智能时代国际社会普遍关注的一项重要议题。

　　[①] 王雪原:《人工智能对传统法治体系带来的冲击与挑战》,《河北企业》2019年第6期。

（一）人工智能相关立法现状

1. 国际人工智能相关立法现状与进展

针对人工智能的飞速发展，美国和欧洲等地区意识到其对于现有法律秩序的冲击以及对伦理的挑战，出台了一系列相关法律法规。其中最具代表性的就是欧盟在先前制定的《计算机数据保护法》基础上，于2018年5月发布的《通用数据保护条例》，该条例明确规定了人工智能信息大环境下个人数据的正确处理方式与保护措施。① 对于人工智能对伦理产生的冲击，联合国教科文组织于2019年发布的《人工智能伦理指南》明确规定了人工智能应持有的原则和价值观，对人工智能的发展提出指导意见，在某种程度上限制了人工智能对伦理的冲击；在管理方面，欧洲议会呼吁各个欧盟成员国采取措施确保人工智能发展的透明性与可解释性，完善人工智能问责制度。②

国际上，以欧美为代表，均极为重视人工智能相关立法。例如，美国仅在2023年就先后通过170多项人工智能相关法案和行政令，并在2023年9月颁布了

---

① 邵长茂：《人工智能立法的基本思路》，《数字法治》2023年第5期。
② 李小云：《中国援非的历史经验与微观实践》，《文化纵横》2017年第2期。

人工智能立法框架。国际上最新也是最有影响的当首推欧盟《人工智能法案》（EU AI Act，以下简称 AI 法案）。该法案最初由欧盟委员会于 2021 年 4 月提出谈判授权草案，并于 2024 年 2 月获得欧盟 27 国代表一致支持，3 月由欧洲议会正式通过，将于 2025 年生效，2026 年开始实施。AI 法案旨在为人工智能发展提供规范的法律框架和标准，通过加强对人工智能监管，防范利用人工智能对健康和安全构成威胁，确保在欧洲开发和利用的人工智能符合人类监督、安全、隐私、透明度、非歧视、社会和环境福祉等欧盟价值观和权利。人工智能应用导致的风险分为不可接受的风险、高风险、有限风险、低风险或轻微风险四个级别，禁止不可接受的风险的人工智能系统在欧盟境内使用，对 ChatGPT 等高风险的人工智能系统实行重点监管，对有限风险和低风险轻微风险的人工智能系统实行宽松监管。

2. 国内人工智能相关立法现状与进展

中国非常重视人工智能的发展历程及应用场景，出台了如《中华人民共和国网络安全法》《中华人民共和国数据安全法》等一系列人工智能相关的法律法规。此外，中国工程院发布的《关于加强科技伦理治理的意见》，明确指出人工智能的应用边界及应用深度应该受到管控和限制。2017年，国务院发布了《新一代人工智能发展规划》，明确提出推进人工智能与法律制度的融合和发展。同年8月，最高人民法院首次提出"互联网司法"的概念，人工智能的法律地位在国内逐渐引起重视。2019年，中国最高人民法院、最高人民检察院和公安部等联合发布了《关于办理非法利用信息网络、帮助信息网络犯罪活动等刑事案件适用法律若干问题的解释》，明确规定利用人工智能犯罪的行为将受到法律制裁。[1] 此外，国内的专家学者也开始关注人工智能法律地位研究。例如，腾讯研究院法律研究中心在《人工智能时代的算法治理报告2022——构建法律、伦理、技术协同的算法治理格局》中为我国人工智能相关法律法规的制定贡献了建设性意见。[2]

纵然已有的人工智能相关法律法规的研究已经覆盖了人工智能在知识产权、隐私保护、安全风险、责任认定等方面的诸多法律问题，[3] 但是现有研究仍然存在些许不足。这主要是因为，人工智能发展速度迅猛，应用行业星罗棋布，法律法规的出台严重滞后于人工

---

[1] 柏娜、范松梅、刘晴：《新形势下我国农业的对外援助》，《农业经济》2021年第9期。

[2] 林冬梅、郑金贵：《中国农业技术对外援助可持续发展：内涵、分析框架与评价》，《海南大学学报》（人文社会科学版）2022年第1期。

[3] 卓加鹏、仲勇、陆婉清：《人工智能时代的法律问题探讨》，《中国科技资源导刊》2024年第1期。

智能的发展及应用需要，学术研究不能做到范围上的全面覆盖。同样，由于人工智能涉及的法律问题极为庞杂，本书同样也难以深入探讨，仅从人工智能"赋能"违法犯罪冲击法律秩序，以及人工智能冲击现行法律制度中的法律主体地位、知识产权等角度，提出若干重要问题供学界讨论思考。

（二）人工智能对现行法律秩序的冲击

1. 人工智能发展推动信息数据违法采集和滥用

在中国公开宣判的首例人工智能获取验证码犯罪案件中，犯罪分子利用深度学习技术，编程和训练机器人识别图片验证码，获取其他用户登录各种网站。这表明，人工智能在为人们提供强大效率工具的同时，也很容易被不法分子利用。随着人工智能的快速发展和广泛应用，利用人工智能从事违法犯罪活动具有成本低、隐蔽性高、防范和识别难度大、破坏性作用强等特点。从近年与人工智能相关的裁判文书案例数量持续快速增长来看，人工智能对现行法律秩序和社会稳定的冲击不可忽视。

人工智能具有强大的数据采集获取、分析加工能力。违法犯罪分子能够利用人工智能更大规模地搜集公民和企业的数据，侵犯隐私权利。在上述案件中，利用人工智能手段非法获取网络和银行用户名和验证码，仅"打码"平台就破解验证码高达1204亿次。近年发生的大规模网络信息泄露大多数与利用了人工智能工具有关。理论上，利用人工智能几乎可以"毫无保留"地搜集、"推算"和攻破个人的大多数显性和隐私信息。除此之外，违法犯罪分子不仅可以利用人工智能定向搜集获取或攻击窃取特定个人或企业隐私，还可以利用人工智能选择和筛选违法犯罪对象，为违法犯罪对象"量身定做"针对性场景或"剧本"，提高违法犯罪成功率，提高被察觉和追踪的难度。

专栏1 人工智能公司Clearview大规模信息搜集与信息泄露案

Clearview是2016年成立的美国人工智能初创公司，其脸部识别应用程序客户包括美国司法部、FBI和移民部等联邦机构，以及沃尔玛、梅西百货、NBA等200多家商业、金融、文化娱乐机构。在不到4年的时间里，Clearview未经用户同意，搜集存储了30亿张人脸数据。Clearview可以根据人脸照片，整理搜索出具体个人姓名、家庭和工作地址、联系方式、社交关系网络、社交活动等信息，进而根据未知脸部照片分析和匹配在线图像，识别出具体人。2020年2月，Clearview数据库遭到入侵，大量数据被泄露，影响和损失不可估量。

除了有意利用人工智能窃取个人和企事业单位信息，利用人工智能也可能导致"无意"泄露隐私信息。例如，因为人工智能是依靠用户使用并获取使用数据实现更新迭代升级，人工智能系统不可避免要获取用户相关数据用作训练语料。在近年的生成式人工智能热潮中，向ChatGPT等提问的过程中可能就在"不知不觉"中泄露了工作、偏好甚至更加秘密、有价值的信息。美国媒体曾报道，有用户因为ChatGPT未经同意就获取用户账号、姓名、联系方式、电子邮件、浏览信息、问答信息、社交媒体信息、搜索信息、支付信息和交易记录等而起诉OpenAI和微软。中国也曾出现因为ChatGPT接口而被黑客利用窃取隐私信息和被攻击服务器的例子。

因为信息泄露或信息被窃取，不仅增加侵犯、危害人身安全和财产安全的风险，还导致市场秩序被扰乱，影响金融稳定和加剧金融风险。以金融信息为例，由于越来越多金融业务上网，而个人和企业与金融相关的数据价值高，更易成为违法犯罪分子窃取、滥用和攻击的对象。这包括直接利用盗取的个人信用卡等银行账户信息进行消费、转账和盗取机构与银行资金，利用人工智能系统篡改数据，改变特定用户信用信息，影响金融机构信用借贷，实施金融欺诈行为。甚至是利用金融机构程序漏洞，直接篡改数据或植入有害数据与程序，实施破坏行为，影响金融机构信誉。这对金融监管部门来说，使用脏数据或者被篡改的数据，利用人工智能预测监管决策等，都有可能导致金融监管和风险管理失效。

2. 人工智能催生新型违法犯罪形态

人工智能是重要的新兴生产力工具，当人工智能被用于培育新业态新模式新产业，或被用于重构生产生活方式和重建产业链供应链时，人工智能也很可能被违法犯罪分子利用，催生出违法犯罪新形态。例如，犯罪分子利用人工智能的强大计算、学习和理解能力，可以设计复杂、难以察觉和防范的网络攻击手段，实施精准的网络钓鱼攻击，非法收集和监控他人甚至是公众信息等。又如，由于人工智能可以低成本、秘密地大量搜集获取个人和机构信息，也由此在互联网上催生了黑色数据产业链，催生了不同形式犯罪业态。

当前人工智能发展催生的违法犯罪新形态中最典型的就是人工智能欺诈行为，也被称为"AI诈骗"，指的是利用深度造假技术对人的图片、声音和视频进行AI技术处理，如合成声音、"换脸"、生成对话音频和行为视频等，通过信息生成伪造误导他人，或者让受害者上当受骗的一种新型违法犯罪形式。例如，2023年，内蒙古某一诈骗人利用AI伪造相貌、合成声音，仅用10分钟便诱骗受害人汇出430万余元。[①] 随着深度造假技术的日益成熟，以DALL-E、Midjourney和Sora等为代表，利用专业生成式人工智能模型可以很容易地制作以假乱真的照片、声音和视频，某社交媒体上"AI换脸"工具及其教程售价仅为20元，反映了人工智能技术被滥用的风险。

近年来随着生成式人工智能的发展，利用生成式人工智能制作的各种假图片、假视频、假音频和假新闻等泛滥，轻则造谣污蔑或攻击个人和企业，重则扰乱市场秩序和金融市场。例如，2023年5月，美国社交媒体突然疯狂传播一张五角大楼附近发生爆炸的照片，受此影响，美国股市迅即出现短暂大跌，后被证实该图片为利用生成式人工智能制作的假图片，股市很快就恢复正常，但这也证实违法犯罪分子有能力利用人工智能干扰金融市场。据《2024人工智能安全报告》统计，基于人工智能的深度造假欺诈在2023年增长了30倍，其中人工智能钓鱼邮件增长了10倍。伦敦大学的一份研究报告更认为，利用深度造假技术实施的人工智能犯罪高

---

① 光明网：《10分钟被"好友"骗走430万元！当心这种新型诈骗》，https://baijiahao.baidu.com/s?id=1781431192926276714&wfr=spider&for=pc。

居各类人工智能犯罪之首。[①]

上述违法犯罪行为基本上都属于利用人工智能实施的"传统"犯罪。除此之外，还可以利用人工智能"错误运行"或故意让人工智能失去控制而实施犯罪行为。例如，利用人工智能技术的不完善，故意伪装或用错误信息骗取人工智能系统信任，或者令其技术行为失效、出错，达到不法行为目的。[②] 更有甚者，利用人工智能技术实施"前所未有"的违法犯罪行为。例如，犯罪分子远程操控无人机威胁被害人，甚至利用无人机对被害人实施抢劫行为。[③]

（三）人工智能对现行法律体系运行的挑战

1. 人工智能对法律人权与法律主体地位的挑战

法国哲学家拉·梅特里将人类的身体比作制作精密的钟表。[④] 根据这种观点，机器人在某种程度上与人

[①] 全球技术地图：《深度伪造技术的风险、挑战及治理》，https：//baijiahao.baidu.com/s? id=1763868040519693452&wfr=spider&for=pc。

[②] 白云婷：《利用人工智能实施犯罪的类型及完善建议刍议》，《法制博览》2023年第3期。

[③] 刘宪权、房慧颖：《涉人工智能犯罪的类型及刑法应对策略》，《上海法学研究集刊》2019年第3期。

[④] ［法］拉·梅特里：《人是机器》，顾寿观译，商务印书馆1959年版，第26页。

类无异，机器人也应该拥有同人类一样的权利。① 对于机器人的权利研究最早可以追溯到20世纪80年代，美国学者菲尔·麦克纳利认为机器人在未来一定会享有与之身份和能力相匹配的权利。② 进入90年代，瑞士和日本出现了雇主为其机器人雇员缴纳税费的现象，③ 从权利与义务对等的角度来看，如果人工智能完成了工作，对社会产生一定的贡献，并且履行缴税义务，则应该享受与义务对等的权利。

人工智能与机器人虽有差异，但本质功能和存在目的与机器人相同或相似。人工智能具有类人智慧性，具有自主意识，能实施自主行动，人工智能是否应该享有与机器人相同，或者与人相同的法律权利吗？甘绍平（2017）认为，人工智能与人类智能有本质上的差异，区别于血肉构造的人类，人工智能只是进行无理性、无情感的运算分析，无法逾越技术障碍和道德难关，④ 人工智能应该被视为一种工具，不应该享有人拥有的权利，包括法律人权。

---

① 杜严勇：《论机器人权利》，《哲学动态》2015年第8期。
② Phil Mcnally and Sohaill Inayatullay, *The Right of Robots Technology, Culture and Law in the 21st Century*, Oxford: Butterworth & Co. (Publishers) Ltd, 1988.
③ Edith Weiner and Arnold Brown, "Issues for the 1990s", *The Futurist*, March–April 1986.
④ 甘绍平：《机器人怎么可能拥有权利》，《伦理学研究》2017年第3期。

但在实践中，涉及与法律人权相关的人工智能法律主体地位时则远比理论复杂得多。例如，一个人工智能机器人在服务时突然袭击了人类，谁应该负责？是机器人使用者、机器人系统生产者、机器人算法编纂者、机器人零部件制造商还是维修服务人员？抑或是研发、生产、监管以及使用该机器人的所有成员都在不同程度上负有责任？在类似的例子中，迫在眉睫需要解决的是无人驾驶汽车的交通事故责任认定，是车辆所有者还是无人驾驶汽车生产者，或者是无人驾驶技术方案供应者？按照《中华人民共和国民法典》规定，产品存在缺陷造成他人损害的，一般由生产者承担赔偿责任。[①] 按照机器人不具有法律人权的主张，无人驾驶车辆不应该承担责任，相应地生产者也不应该承担责任。如果由无人驾驶汽车生产者承担责任，不仅使生产者承担的责任与享有的权利之间失去平衡，阻碍人工智能、无人驾驶技术进步和产业发展，也与现行汽车使用惯例和道路交通法规相违背。按照现行道路交通法规，车辆所有者或者使用者应该承担责任，但在无人驾驶汽车发生的交通事故中，车辆所有者并不掌控车辆，对事故的发生无能为力，按照"无过错、无责任"的原则，车辆所有者或者车辆使用者显然不

[①] 杨万明、刘贵、林文学等：《〈最高人民法院关于适用《中华人民共和国民法典》合同编通则若干问题的解释〉重点问题解读》，《法律适用》2024年第1期。

应该承担责任。

在世界各国出台的相关法律法规中，对于人工智能的法律主体地位仍有争议。[①] 2016 年，美国国家公路安全交通管理局认定谷歌无人驾驶汽车采用的人工智能系统可以被视为"司机"，这在某种程度上承认了人工智能的法律主体地位。《欧洲人工智能法》仅仅明确规定了人工智能的使用范围，对类似于无人驾驶汽车等人工智能导致的交通事故、人工智能危害人类安全、人工智能损害人类基本权益等的责任追究问题，并未明确人工智能的法律主体地位。根据中国法律规定，法律主体地位的核心要素是理性，人因具备理性而拥有权利与义务。以算法作为支撑、以数据作为载体的人工智能不能被认定为"人"，不能依靠自己的独立意志进行理性思考，因此不具有法律主体地位。[②]《中华人民共和国民法典》虽然明确规定了人工智能在侵权中的法律责任，但需进一步完善人工智能快速发展带来的法律空白，健全人工智能问责机制。

机器人和无人驾驶仅仅是人工智能最新应用的

[①] Holzinger A., Langs G., Denk H., et al., "CA Usability and Explain Ability of Artificia Intelligence Inmedicine", *Wiley Interdisciplinary Reviews: Data Mining and Knowledge Discovery*, Vol.9, No.4, 2019.

[②] 赵博：《人工智能法律主体地位探究》，《特区经济》2024 年第 1 期。

两个例子，各国法律的模糊与不一致，也凸显了人工智能对现行法律人权和法律主体地位的挑战，表明各国已出台的法律制度都面临着诸多可行性和局限性的问题。从技术层面来看，人工智能正在实现自我决策和自主行动的能力，应该给予其法人地位的方式，在部分法律领域中赋予一定程度的权利，并履行相应的法律义务。但在实践中仍存在两个有待解决的问题：一是人工智能本身具有复杂性和多样性，其法人地位的设定标准难以确立；二是人工智能缺乏人类的情感、主观能动性以及道德标准，难以在每个案件中做出事无巨细的合理决策，引发法律适用上的困难。

2. 人工智能对知识产权的挑战

当前占主导的人工智能主要是基于深度学习的生成式人工智能。在投入侧，生成式人工智能离不开利用大量数据内容进行训练，其对于数据的获取、处理、运用等方面均涉及知识产权问题。[①] 例如，美国盖蒂图片（Getty images）起诉图片人工智能公司 Stability AI，认为后者未经许可，利用爬虫程序自动爬取了己方拥有知识产权的 1200 多万张图片，以训练其人工智能模

---

① 吴惠：《人工智能生成物定性及权利归属探究》，《武警学院学报》2021 年第 5 期。

型，并进而用于生成新图片。① OpenAI、Midjourney、Stability AI 都曾因未经许可利用相关数据内容训练模型和生成内容而被个人作者或画家、作家协会和传统新闻媒体等起诉，其中部分权利诉求和索赔诉求获得了法官支持，有些则未得到法律支持。训练大模型需要海量数据，数据类型多样，数据来源多样，要全部实现数据采用授权并不现实。即使可以实现预先授权，授权许可机制和许可使用成本如何确定也极为困难。从司法实践来看，各国对输入端数据的采集与适用采用不同的机制。进一步看，未经授权或许可的程序自动运行采集数据，再通过算法设计利用甚至是"剪辑""拼凑"他人著作权内容生成新的内容，是否构成侵权？如何实现合法豁免？如果构成侵权的话，侵权责任如何认定？处罚依据和标准是什么？这都是当前知识产权制度和法律亟须解决的现实问题。

在产出侧，生成式人工智能主要体现为输出不同形式的知识内容，这也涉及复杂的知识产权问题。例如，内容生成是多方分工与合作的结果。开发提供人工智能系统服务的企业、人工智能系统服务使用者、被人工智能系统借鉴参考的原始资料和数据供应者，

---

① The Verge, "Getty Images sues AI art generator Stable Diffusion in the US for Copyright Infringement", https://www.theverge.com/2023/2/6/23587393/ai-art-copyright-lawsuit-getty-images-stable-diffusion.

甚至还包括中介服务机构等，都在其间做出了贡献。现有著作权强调独创性和明确主体，人工智能生成知识内容的产权主体应如何认定？在美国已经发生的多起司法判决中，著作权登记机构和法院都驳回了人工智能系统使用者利用人工智能系统辅助创作作品的著作权登记申请，理由都是知识产权申请人应该是人类作者，作品应该由人类创作完成，人工智能生成或辅助生成的内容不属于人类创作成果。显然，如果按照现行知识产权制度和法律，这些判例坚持人类在知识内容创作中的主体地位似乎是合法合理的，但从技术创新角度来看，显然这并不利于人工智能技术的应用和创新发展。

除此之外，还存在诸多与产出收益相关的产权收益分配和产权保护问题。首先，如果知识产权的归属方与人工智能系统的使用者对于利益分配的方式不能达成一致，那么知识产权的归属问题将会导致人工智能系统使用的利益分配问题。其次，考虑到人工智能的自我进化特征，如果人工智能在使用知识产权的过程中发生了系统升级或者进化迭代，导致了系统运行结果与预期不一致（包括更优或更劣的结果），那么产生的利益分配又会引发新的争议。最后，在反不正当竞争的行为规制模式下，人工智能关键数据所获得的保护是一种被动的、消极的法律保护。而且，由于调整法律关系的不同，以及涉及法益的不完全重叠性，数据不正当竞争行为规制与知识产权制度相比，无论在保护的广度上还是强度上都存在较大局限。

德国一份针对86家财富500强企业的调查发现，约1/3的受调查对象认为知识产权是使用人工智能的最主要担忧。对从业者的调查中，更有高达95%的高级技术主管将知识产权问题列为首要担忧，75%的受访者担忧人工智能会获取知识产权。由此可见，人工智能发展对现行知识产权制度和法律已构成严峻挑战。

七　人工智能对国家安全的挑战

世界上任何事物都具有两面性，人工智能也不例外。一方面，人工智能既可以在多个领域大显身手，为人类的生产生活带来便利，是保障国家安全的有力武器；另一方面，人工智能也会对现有的体系造成强烈冲击，对政治、经济、科技、军事等多个层面的国家安全带来风险与挑战。甚至可以说，人工智能的颠覆性创新影响和能力越强，其对国家安全的挑战就越大。鉴于安全的复杂性，总体国家安全观涉及多个领域，这里仅选择政治、经济、科技和军事安全方面进行简要讨论。

（一）人工智能对政治安全的挑战

随着技术的进步，人工智能的运用对国家政治安全产生影响的现实案例引起了越来越多国家的关注。

西方国家对此类问题的关注大多始于 2016 年美国大选。传统媒体报道中民主党候选人希拉里似乎更受欢迎，但人工智能机器人账户利用社交媒体导致的假新闻泛滥前所未有。据估计，推特（Twitter）上有 9%—15% 的活跃账户是机器人账户，机器人账户流量中亲特朗普的是亲希拉里的 4 倍。2016 年美国大选中，平均每人至少看见一条假新闻。投票前几周，27% 的选民看过假新闻网站。脸书（Facebook）至少有 6000 万个机器人账户，这甚至被认为是大部分政治内容的主导。特朗普充分利用"人工智能＋社交媒体"，不仅为自己赢得了远超竞争对手的免费曝光率，更通过人工智能定向瞄准网民，获得了大批认同其政治主张的忠实粉丝。[1] 这也是其政治声势"长盛不衰"的重要原因。近年来，随着人工智能的应用越来越普遍，对于人工智能与国家政治安全的关系也开始逐渐成为各国关注的焦点。在国家安全体系中，政治安全是国家安全的根本，不仅关系到国家的生存和发展，也对经济安全、军事安全等其他各领域的安全起到决定作用和影响作用。因此，需要正确看待人工智能，有效识别并防范人工智能对政治安全产生的风险。

---

[1] 邵国松：《社交媒体如何影响美国总统竞选》，《人民论坛·学术前沿》2020 年第 15 期。

1. 主权安全：权力边界模糊与霸权主义滋生

主权是国家所固有的对内最高权和对外独立权，确保主权独立和完整，是国家生存和发展的基本前提。但是，由于互联网具有无界性，当一国主权由现实世界向网络世界延伸时，主权的边界会因为这种无界性而不断调整发生变化，变得更加模糊，也产生一定的争议。2020年，弥尔顿·L.穆勒在主题为"前进：网络空间的碎片化、极化和混杂性"的会议上提出一种不受国家主权干扰的网络主权，认为主权具有排他性的最高权威。因此，网络主权意味着互联网管理与领土边界重合，要想实现真正的网络主权，要么建立一座数字孤岛隔绝外界联系，要么所有国家之间争夺唯一的网络主权，但这只能是一种空想，既有的过程和现实表明，主权国家只会更加借助信息技术来增强国家在网络空间治理中的能力与话语权。[①] 2019年，爱沙尼亚和荷兰政府明确主权原则适用于网络空间，同年12月，英国皇家国际事务研究所发布的《国际法在国家网络攻击中的应用：主权的适用和不干涉原则》报告指出，网络空间具有主权属性，一国能够对其境内的网络基础设施、网络数据、网络活动和网络管理行使主权，也可依据国际法对其领土以外的网络活动

---

① 赵瑞琦：《网络无政府状态的诱因与治理》，《学术界》2023年第12期。

行使司法管辖权。[①] 2023年，中国多个机构联合发布的《网络主权：理论与实践》（4.0版）将网络主权定义为国家主权在网络空间的延伸和象征，认为网络主权具有独立权、平等权、管辖权和防卫权。网络主权是国家主权的重要组成部分，在信息社会，网络信息技术已渗透到各国经济社会发展的方方面面，网络空间与现实空间、网络安全与国家安全紧密联系、不可分割。

除了网络主权，随着数字经济发展和技术竞争的加剧，"数据主权""数字主权"和"技术主权"等也被各国频繁提及。欧盟于2018年发布的《通用数据保护条例》（GDPR）、2020年发布的《欧洲数据战略》《欧洲数据治理条例提案》《欧洲数字主权》《人工智能白皮书》等文件集中提出了"数据主权""数字主权"和"技术主权"，从关键技术、规则制定和价值观念三方面强化欧盟对网络空间的控制力和主导权，减少对外部数字企业的依赖，特别是在单一市场和供应链安全方面，以增强欧盟的整体竞争力和独立性。[②]

人工智能技术在互联网的"加持"下，应用领域

[①] 卢英佳：《网络安全与国际法规则——英国皇家国际事务研究所〈国际法对国家型网络攻击的适用〉报告简析》，《中国信息安全》2020年第6期。

[②] 钱忆亲：《2020年下半年网络空间"主权问题"争议、演变与未来》，《中国信息安全》2020年第12期。

更加广泛，原有的权力边界因为新要素的加入更加模糊不清，权力内容变得更加复杂，这促进了霸权主义的滋生。一方面，各国之间的科技水平和技术发展存在差距，这种差距不可避免地会催生对于网络主权的争夺，掌握更多先进技术和资源的技术优势国，可以利用自身的优势条件拓展网络空间，甚至制造一定的技术壁垒，争夺网络空间里权力与影响力的规则制定权与话语权，严重威胁国家间网络主权的独立和平等。例如2018年，美国议会通过《澄清境外数据的合法使用法案》，确定"控制者原则"，认为美国执法机关对美国企业控制的境内外数据均享有"主权"，扩大了美国执法机关调取海外数据的权力，而其他国家要调取存储在美国的数据时，必须通过美国的"适格外国政府"审查，满足美国所设定的人权、法治和数据自由流动标准才可以调取美国存储的数据，美国通过"长臂管辖"来扩大数据主权适用范围，对于其他国家是不公平的，也加剧了国家间的数据主权冲突，进一步体现了美国的国际经济与政治的强势地位与霸权主义。[①]

另一方面，权力的来源主体在发生变化，算法、数据、平台等借助人工智能的推动逐步成为重要的权

---

① 阿里巴巴数据安全研究院：《全球数据跨境流动政策与中国战略研究报告》，https://www.secrss.com/articles/13274。

力来源，维持其存在的基础设施并非国家，而是技术公司、科学家、算法拥有者等非国家行为体，[①] 这种权力来源主体的变化，意味着人工智能技术更容易被资本控制裹挟，而资本具有逐利性和扩张性，逐利性会使数据、技术等关键要素，在利益的驱使下流向资本寡头企业或强势国家，减弱国家对于数据和技术的控制，损害国家主权，而扩张性会导致各行各业竞相引进扩张人工智能技术而不顾具体实际，从而危及国家权力，对国家安全造成一定威胁。

2. 意识形态安全：话语权垄断与主流意识形态弱化

主流意识形态在政治安全中发挥着思想指导和思想引领作用。在互联网时代，互联网平台巨头已成为话语权的重要一极，甚至展现出话语权垄断的态势。[②] 通过设置默认浏览器和操作系统为话语议题的垄断提供基础，利用平台优势和技术优势后台筛选用户，使用算法强制性采集分析用户信息数据，对用户数据实现实时监控并有针对性地定向投放各类信息已成为互联网平台的常规操作。在人工智能技术的基础上，个体接收到的信息往往是通过算法推荐的个别信息，算

[①] 封帅：《人工智能技术与全球政治安全挑战》，《信息安全与通信保密》2021 年第 5 期。

[②] 杨云霞、陈鑫：《霸权国家互联网平台巨头话语权垄断及我国应对》，《世界社会主义研究》2021 年第 11 期。

法推荐技术可以在构建用户"画像"的基础上实现信息与人的精准匹配，将其价值集中于满足用户的信息偏好上，不断向用户推荐单一化信息，阻断多元化信息的传播路径，将用户困在"信息茧房"的困境中，[1] 从这一角度来看，平台用户所接收到的信息并不是自己想接收的，而是通过算法推荐被动接收的。随着时间的推移，这种机制会使用户接收到的信息面越来越窄，一部分受众的价值观可能会受此影响而变得更加偏激，偏离主流意识形态，而算法推荐导致的"过滤气泡"[2] 会加剧这一现象。因此，互联网平台巨头可以通过算法推荐向用户定向推送相关信息，人为制造信息壁垒，甚至超越国家对意识形态话语权的控制，拿到本国意识形态的主导权。比如在西方政治选举活动中，利用人工智能技术优势在社交媒体上进行相应的分化活动已经成为常态，对选民进行分类，分析他们的行为方式和偏好，进而利用算法推荐量身定制并投放不同的政治信息，以获得党派在选举中的胜利。社交媒体成为选举活动中的重要舆论战场，表明平台巨头在意识形态领域的话语权和影响力已经达到一定的程度。

---

[1] 张志安、汤敏：《论算法推荐对主流意识形态传播的影响》，《社会科学战线》2018 年第 10 期。

[2] Eli Pariser, "The Filter Bubble: What the Internet is Hiding from You", *Penguin Press*, Vol. 11, No. 4, 2011.

算法歧视也会对主流意识形态产生一定的弱化作用。算法歧视指的是人工智能算法在收集、分类、生成和解释数据时产生的与人类相同的偏见与歧视。[①] 造成算法歧视的原因有很多：首先是算法研发者的偏见，算法看似是中立的，但是在实际的编写过程中，研发者不可避免地会将自己的价值取向和相关利益嵌入其中，使得算法本身存在一定的偏差，即便设置一定的纠错机制来避免这种偏差，算法依然可以在机器学习中发掘出大数据中的歧视和偏见并进行一定呈现。其次是算法自身的缺陷性，算法极其复杂，现有的算法并不是完美的，所以算法的结果并不总是正确。此外，算法在机器学习过程中需要大量的样本"投喂"，数据的不完善会影响机器学习的效果，算法结果也会呈现一定偏差。最后是西方意识形态的偏见，先进的算法技术大多集中于西方国家，在西方价值理念指导下构建的算法体系会在潜移默化中对用户价值观造成影响，对中国主流意识形态的传播造成一定冲击。

（二）人工智能对经济安全的挑战

经济安全是国家安全体系的重要组成部分，是国

[①] 汪怀君、汝绪华：《人工智能算法歧视及其治理》，《科学技术哲学研究》2020年第2期。

家安全的基础，维护经济安全是创造良好经济环境、促进经济有序健康发展的前提。当前，我国经济正处在转变发展方式、优化经济结构、转变增长动力的攻坚期，面临的国际环境和国内条件都在发生深刻复杂的变化。"人工智能是新一轮科技革命和产业变革的重要驱动力量"[①]，对提升产业竞争力、培育新动能、掌握未来发展制高点具有重要作用，在经济安全领域大有作为，但它也是一把"双刃剑"，如果应用和监管不当，也可能导致经济安全风险。例如，人工智能发展加剧了包括重要就业、金融和经济等数据的泄露风险，影响国家重要货币、金融和经济政策出台，加剧市场不公平竞争，或造成金融市场动荡。敌对国家或者犯罪分子可能利用算法、人工智能工具分析和攻击国家金融、能源等关键经济基础设施和铁路、航空、水利、通信等重要基础设施，引发金融恐慌和经济恐慌。利用假新闻"带风向"，影响投资者和企业的信心与发展预期。人工智能创新与应用可能加剧平台垄断、数据垄断，垄断企业创新资源，破坏市场竞争环境，阻碍中小企业发展和创业。这里仅从国际经济竞争和数据要素化的角度进行简单讨论。

---

① 新华社：《习近平主持中共中央政治局第九次集体学习并讲话》，https://www.gov.cn/xinwen/2018-10/31/content_5336251.htm?allcontent。

1. 产业重构与国际竞争力

中国经济发展正处于转型升级的关键期，供给侧结构性改革任务艰巨，人工智能作为新一轮产业变革的核心驱动力，正以前所未有的速度影响和渗透各行各业，重构生产、分配、交换、消费等经济活动各环节，推动经济结构的重大变革与产业升级。首先，人工智能应用于产业，不仅能够促进产业的自动化和智能化升级，还能有效提高产业的生产效率，降低生产成本。其次，人工智能的发展为产业创新提供新动力，催生新的产品和服务，推动新产业的兴起，如无人驾驶汽车、智能家居、虚拟现实等，这些新兴产业不仅为经济发展注入了新动力，也为就业市场带来了新机遇。最后，人工智能对制造业等传统行业提出了新的要求，促使其加快自动化和智能化升级，进一步优化中国的产业结构，提升经济韧性和竞争力水平。

然而，人工智能具有脆弱性、不稳定性、不可解释性等特点，在与产业的深度融合过程中存在一定的问题，容易引起一些安全风险。一方面，随着人工智能发展，自动化机器人正成为社会生产和生活中极具竞争力的"新型脑力劳动者"，这种"新型脑力"意味着机器不再局限于流程化工作，甚至在不久的将来可以代替人来完成一些具有创造性的、非流程化的工作，并且相对人力来说，这一技术的大规模普及会提高生产率，降低生产成本，人工智能技术在一定程度上会成为人力工作的"高效替代品"，改变现有的就业结构，对社会稳定性构成挑战。此外，人才是第一资源，新技术的应用对人才提出了更高要求，高技能型人才的需求激增，这无疑会加剧全球智能化人才竞争。我国从业经验达 10 年以上的人工智能人才比例不足 40%，而美国超过了 70%，[1] 人工智能专业技术人才以及与传统产业融合的跨界人才不充足，限制了人工智能与传统产业的深度融合。Tortoise Medi 发布的《全球人工智能报告》显示，2022 年，全球私营投资对人工智能初创企业中，美国占比为 53%，而中国占比仅为 10%，比 2020 年下降了 19 个百分点，[2] 美国充足的资金和良好的科研条件对人才有着巨大的吸引力，对未来中国抢占人才发展制高点造成一定阻碍。中国的人工智能要实现从"并跑"到"领跑"的跨越，需要构建完备的人工智能生态体系，打造人才高地。

另一方面，智能制造已经成为产业转型的重要方向，人工智能在助推传统产业从"自动化"走向"智

---

[1] 何勤：《构建智能人才生态体系，打造世界人工智能人才高地》，https://theory.gmw.cn/2021-10/21/content_35248230.htm。

[2] Alexi White Serena：《全球人工智能报告：美国仍领先，AI 公司投资份额 53%（270 亿美元）；中国第二，占比 10%》，https://new.qq.com/rain/a/20230629A02Y6O00。

能化"的转型过程中也面临着"水土不服"的困境,传统产业需要重新思考自身的定位和发展方向。麦肯锡对于全球人工智能在企业内部使用情况的调查显示,2017—2022年,全球范围内企业的人工智能使用率从20%增长到50%,使用率大幅度提升,美国的人工智能使用率更是达到60%左右。但是,目前中国的人工智能使用率为41%,在受调查的企业中,只有9%的中国企业可借助人工智能实现10%以上的收入增长,只有7%的企业使用人工智能产生的利润超过20%,与领先国家存在较大差距,人工智能在中国企业内部的落地任重而道远,其变现能力和经济价值创造亟待提高。[①]

2. 数据高度集中与马太效应

人工智能技术具有系统性和复杂性,其发展需要大量的基础数据来培育算法系统。从数据的生成来看,数据资源主要由行业机构及个人持有的各类设备所产生。其中行业机构一直占据数据资源生产的主体地位,而从数据的流向来看,数据主要流向重点企业和大型互联网平台,[②] 这意味着只有行业机构和政府部门才有

[①] 沈恺、童潇潇、于典、王凌奕:《生成式 AI 在中国:2 万亿美元的经济价值》,https://www.mckinsey.com.cn。

[②] 中国信通院 CAICT:《信通院联合中国网络空间研究院发布〈国家数据资源调查报告(2020)〉》,https://www.secrss.com/articles/30809。

能力获取大规模数据，具备垄断数据资源的能力。因此，数据是人工智能时代最为重要的生产要素，也将是人工智能产业主体最为关键的市场竞争要素，既是推动人工智能产业创新发展的重要资源，也可能是产业主体排斥市场竞争、谋求垄断利益的利器。

随着学习算法和模型算力的持续进步，数据的经济价值得到前所未有的深度挖掘和充分释放，经济社会发展越来越依赖数据，数据成为影响经济发展的基础和关键要素。与传统经济基于产品和服务的生产和消费不同，随着数据生成和利用规模的扩大，许多企业不断提高利用算法、人工智能等技术从数据中获取价值的能力，加剧了数据垄断现象。一旦市场由单一企业主导，其他竞争者和潜在进入者将难以与其竞争，竞争过程从市场中的竞争转向为垄断市场和剥夺其他参与者利益而竞争。

人工智能技术依赖数据进行正反馈循环发展，而数据具有聚集效应，一方面，强势企业拥有技术优势，在数据使用方面往往先人一步，获得数据垄断的优先权；另一方面，随着企业数据的增多，算法更加智能先进，吸纳更多数据，如此循环，将导致数据市场出现严重分化，行业自然倾向于垄断。当人工智能头部平台企业形成一定的市场势力，市场机制将很难阻止其利用"技术+市场势力"的循环进一步深化垄断格局，人工智能产业主体通过数据垄断而限制、排除竞争的行为，促使数据、算法资源向强势企业高度集中，增加市场竞争度，加剧产业竞争，严重阻碍行业溢出效应，抑制行业活力，导致人工智能对于潜在关联产业的"活化效应"释放不足，容易造成市场的集中狂热和集中萧条，加剧经济的马太效应。

（三）人工智能对科技安全的挑战

人工智能具有多学科综合、高度复杂的特征，无论是在科技创新、产业发展还是在日常生活领域，都具有极为广阔的应用前景，是引领新一轮科技革命和产业变革的战略性技术，具有溢出带动性很强的"头雁"效应。[1] 因此，一方面，人工智能创新能带动相关技术和产业创新，为保障国家安全、推动产业转型升级、提升国家科技和经济竞争力，以及为促进可持续发展等提供坚强技术支撑；另一方面，人工智能的广泛渗透性和强大赋能能力凸显了以人工智能主权为核心的国家科技主权的重要性。人工智能快速发展对经济社会等人类文明实践的广泛影响也凸显了科技安全治理的重要性，必须重视其对科技安全的影响。

---

[1] 人民网：《习近平讲故事：人工智能具有很强的"头雁"效应》，http://cpc.people.com.cn/n1/2019/0726/c64094-31256975.html。

1. 人工智能帝国主义与主权人工智能

由于人工智能是当前新一轮科技革命的核心技术，掌握领先人工智能的国家不仅将获得更显著的生产力提升效应，更重要的是通过大规模提高社会生产用于社会运转效率，同时降低交易和社会运作成本，掌握经济与科技的绝对制高点。有学者[①]认为，工业革命后，掌握先进技术的国家更容易掌控世界。人工智能发展离不开数据利用，而数据本身具有跨境流动的便利特性，人工智能的发展很可能消灭数字世界中主权国家的边界。人工智能就像一个"人造上帝"，作为一种未来世界赖以生存的生态，掌握人工智能主导权的国家不仅更容易掌控世界，甚至更容易独霸主导世界。传统的科技主权主要体现为国家在科技领域独立自主地制定科技政策，发展、管理和保护科技，以及开展国际科技交流，通过科技发展维护国家利益和安全。如果人工智能将造就无可匹敌的新"帝国"，或者导致人工智能帝国主义的出现，使得国家边界无效化，显然传统的科技主权也将不再存在。

用乐观主义来看，人工智能发展即使不能造就新帝国或者产生人工智能帝国主义，少数掌握领先人工

[①] 郑永年大湾区评论：《独思录 | 郑永年：乱世的未来》，https://www.163.com/dy/article/IRO 3UNVD0550WCN1.html。

智能技术的国家也很可能"滥权"利用技术优势，导致产生"技术霸权"。反过来，缺乏人工智能技术自主权的国家很可能对前者产生更深更持久的技术依赖，其国家内政、文化、经济、教育等都将因此而受影响。显然，由于人工智能很可能直接挑战国家科技主权甚至是国家主权安全，这进一步凸显了发展主权人工智能的重要性和迫切性。

2. 国家"智能鸿沟"与技术保护主义

国家间技术创新能力不同、技术发展不平衡是常态。在农业时代和工业时代，技术差距导致的发展差距和国家能力差距虽然重要，但并非不可克服。在数字时代，数字技术差距进一步拉大了不同人群和不同国家间的机会差距、能力差距和发展差距，数字鸿沟问题凸显。在智能时代，人工智能技术的广泛渗透性和强大赋能作用，将导致全部要素和产业的重塑、生产生活方式的重构、国际权力的重组，将加剧形成"强者愈强、弱者愈弱"的两极分化，无疑将进一步加大不同国家间的发展差距，将在不同国家间催生新的"智能鸿沟"。上述人工智能帝国或人工智能帝国主义的出现，就是未来"智能鸿沟"的一种极端表现形式。

理论上，人工智能发展需要人才和数据等创新资源无障碍流动，需要全球范围内广泛的技术交流合作、知识资源共享。但鉴于人工智能赋能经济社会发展和科技创新的重要性，随着人工智能作为战略性技术的强大影响日益显现，为了避免国家间"智能鸿沟"的出现，主要国家都制定发布了自己的人工智能发展战略。国际人工智能竞争日益激烈，人工智能发展反而可能抑制全球科技创新合作，形成并加剧技术保护主义。例如，处于技术领先位置的国家可能担心其他国家通过人工智能技术获得竞争优势，采取保护措施限制人工智能及相关技术和设备研发合作。一些国家则可能采取更加严格的技术监管措施，以保护隐私、保护国家安全等为名，限制国外人工智能系统的引入和应用，或者是人为制造科技壁垒，严格管控正常的产业合作、人才引进、学术交流，阻碍全球科技资源自由流动和科技交流合作。美国《关于人工智能出口管制的建议》提出加强软件、算法、数据集、芯片和芯片制造设备等人工智能及其相关技术出口管制，联合盟友限制向中国出口高端人工智能芯片和集成电路加工设备，将多家中国实体增列入出口管制"实体清单"等，都是人工智能发展引发的国家技术保护主义的典型例子。

3. 监管失范与科技安全风险

监管和规则滞后于技术发展是人工智能带来安全

问题的主要原因。人工智能具有强大的学习及自我决策能力，对其底层技术的研发及产业化运营已成为趋势，政府需要在促进技术发展与规制技术安全中找到平衡，借助法律、伦理等约束性手段抑制人工智能"作恶"的苗头。当前，国际社会对人工智能的扩散缺乏有效的管控，使人工智能的扩散和滥用趋势加速。如果没有适度的技术监管，人工智能安全风险的监管可能会陷入滞后的科林格里奇困境，[①]由于信息不对称造成对新兴科技监管缺位，引发科技安全风险。

监管失范的一个典型例子是数据泄露。数据本身具有无实体边界性，因此，它的流动是不可避免的。数据是人工智能发展的基石，而数据的收集、存储和使用往往涉及个人隐私和国家安全。在全球化背景下，跨国企业和个人可以轻松获取和传播大量数据，这使得国家对数据的控制变得越发困难。数字经济的飞速发展，带来了数据的大范围流动，对经济发展产生了越来越大的影响，商业贸易也越来越依赖大数据流动，在这一过程中，如果没有严格的限制和有效的监管手段，会有很大可能发生数据泄露事件。此外，人工智能在数据分析和挖掘方面的高效能力，可能导致敏感

---

① Cambridge University,"The Social Control of Technology", https://www.cambridge.org/core/journals/american-political-science-review.

信息泄露，引发新的安全危机。

（四）人工智能对军事安全的影响与挑战

虽然人工智能并非为了军事应用而产生，但人工智能的发展似乎天然与军事安全领域几乎所有问题都存在密不可分的联系。从军事空间来看，人工智能的发展进一步强化了网络等数字空间战的重要性，大大拓展了战场空间；从军事武器和军事手段来看，除了提供网络空间战的新武器，人工智能正在加快将传统武器改造为智能武器。例如，从火炮到导弹、武装飞机等，人工智能技术被广泛应用，以提高武装打击命中率和精准度；利用人工智能预测敌方导弹运行轨迹和预期目标，提前采取应对措施；利用无人机和人工智能干扰敌方通信、雷达、飞行中的武器等，通过电子战削弱敌方作战能力，或者监测战场实时动态，预测战场态势变化等，提供科学作战信息和指导；以及利用人工智能模拟战场环境辅助武器研发和军队及实战训练等。因此，人工智能不仅是在引发工业革命，也是在引发军事革命。人工智能在军事领域的深度介入，甚至被认为是核武器发明以来全球军事领域所出现的最重要的技术变革之一。① 在军事智能化发展过程中,由于军事战略本身具有的对抗性、智能化技术的复杂性、智能化武器装备行动的"自主性"以及智能化战争的不可预测性,无论是对国家军事安全还是全人类军事安全,人工智能的挑战日益凸显。

1. 人工智能军备竞赛

与传统的武器相比,人工智能武器有以下几个方面的优势。一是不受外部条件影响,战场生存能力较强,使用成本较低,具有全方位、全天候的作战能力;二是人工智能系统可以快速搜集、处理战场信息,具备多线程任务处理能力,在局势瞬息万变的战场上更加敏捷高效;三是智能化武器依靠系统控制可以做到信息共享和数据同步,可以作为战争关键节点做到相互替代,即使被摧毁也不会对作战计划造成大面积影响。相比于传统作战体系,人工智能作战体系逐渐向着去中心化网络结构演变,提高了整个作战体系的稳定性。

人工智能在军事领域的广泛运用,不仅会改变现有的武器系统、信息情报搜集和分析、军事策略、军事组织和辅助决策等,甚至有可能深刻影响战争的走

---

① Greg Allen, Taniel Chan, *Artificial Intelligence and National Security*, *Intelligence Advanced Research Projects*, *Activity* (IARPA), Belfer Center, Harvard Kennedy School, 2017.

势。显然，随着人工智能在军事领域呈现更大优势和巨大发展潜力，将不可避免导致国家间的人工智能军备竞赛。各国对人工智能尖端武器装备研发的追求将为复杂多变的国际局势增添更多不确定因素，加大国家安全风险。[①]

世界大国都将人工智能视为提升未来军力和国力的关键技术，一些国家和地区加大对人工智能技术的投入，以期早日实现可靠的军事化应用。2018年9月美国国防部高级研究项目局宣布，计划在未来5年内投资20亿美元用于开发下一代人工智能技术。[②] 当前，美军已拥有近万个空中无人系统、超过1.2万个地面无人系统，已列入研制计划的智能化装备超过100种，计划到2030年，实现60%的地面作战平台智能化。[③] 俄罗斯也聚焦指挥决策、作战支援等多个领域发展人工智能军用武器，陆续出台了《2030年前人工智能国家发展战略》《2018—2025年国家武器发展纲要》《2025年先进军用机器人技术装备研发专项综合计划》等战略规划，明确提出人工智能发展目标，将人工智能技术、无人自主技术作为俄罗斯军事技术的短期和中期发展重点，计划在

[①] 孙那、鲍一鸣：《生成式人工智能的科技安全风险与防范》，《陕西师范大学学报》（哲学社会科学版）2024年第2期。

[②] 芈金：《专家：人工智能是推动新一轮军事革命的核心驱动力》，http://military.people.com.cn/n1/2018/1025/c1011-30361045.html。

[③] 车东伟、顾瑶、杨斐：《军事智能化，外军关注啥》，http://www.81.cn/jfjbmap/content/2020-06/11/content_263539.htm。

2025年之前实现无人作战系统在俄军装备中的比例达到30%。① 大国军备竞赛的加剧，正在引发军事领域的变革，加剧世界局势的动荡不安，对各国军事安全也提出了新的挑战。

2. 无人自主武器发展

人工智能具有基于自主学习的类人智慧性，其军事应用的一个重要领域是自主武器系统的出现，包括战斗机器人和自主武器等。战斗机器人是掌控武器系统的人工智能系统，如探雷机器人、火炮射击人员等，与自主武器的本质相同。根据红十字国际委员会的定义，自主武器是一种在战斗关键功能中具有自主性的武器系统，是在无人干预状况下能够自行选择目标，如能根据掌握的信息情报自动搜索、感知、定位、识别和跟踪目标，并能自动使用武力打击、压制、破坏或摧毁选择的目标。② 除近年来在俄乌战场和中东战场广泛使用的各种类型无人战机外，还包括无人舰船、无人鱼雷、机器人坦克和装甲车等，甚至未来还可能出现机器人操作的自主运载工具、自主火炮和自主导

---

① 石纯民、潘政：《无人作战力量加速战争形态演变》，http://www.81.cn/gfbmap/content/2022-12/21/content_330257.htm。
② 红十字国际委员会：《自主武器系统：增强武器关键功能的自主性带来的影响》，https://www.icrc.org/cn/publication/4283-autonomous-weapons-systems。

弹等。与自动武器系统不同，自主武器系统不仅具有更高的自动化程度，还具有自主学习能力，能根据环境进行灵活调整，并做出战斗决策。因此，自主武器系统通常无人值守或不需要人为干预，是获得了人攻击授权的武器系统，将对人工智能系统的可预测性、可靠性、战场道德、人机信任等产生严峻挑战，[①] 并由此产生极大的风险。

机器学习系统本身是不可预测的。但获得攻击授权的自主系统则被假设具有可预测性，其根据预测结果发出攻击命令。战场环境极为复杂，研发一种可以随环境变化调整其功能的人工智能武器是极其困难的。例如，当战斗人员没有携带武器，或者携带的武器装备无法发现、着装无明显标志时，人工智能驱动的自主武器如何区分攻击对象是平民还是战斗人员？如何区分军事目标与受保护目标（如军用船舶与民用船舶）？由于现代武器系统运行速度快，战斗机器人或者完全的无人自主武器如果没有给人为干预预留空间，很可能带来潜在的滥杀和误杀风险。在主动防御的例子中，以色列开发的装甲车主动防护体系"奖杯"（ASRPO-A）可以根据雷达探测的来袭弹药轨迹自动发射小金属球进行防御攻击，但同时附带伤害附近己方人员的概率仍接近1%。正如

[①] 王菖、柏航、牛轶峰：《自主无人系统的军事应用风险与挑战》，《国防科技》2023年第1期。

在经济安全分析中指出的那样，由于很难防止人工智能从事不道德行为或不良行为。同样，当人工智能是自主武器时，如果发生不道德或不良行为，后果显然更加严重。随着人工智能应用越来越广泛，自主武器系统越来越多，当其具备大规模杀伤能力，甚至是大规模致命性杀伤能力，比如控制核武器、生化武器时，其出现任何差错的风险都不堪设想。

3. 人工智能的可靠性风险

人工智能在军事领域的应用前景广阔，但并不意味着人工智能技术是完全可靠的。一方面，人工智能技术以算法和数据为基础，本身存在不稳定因素。目前的人工智能还处于由"弱人工智能"向"强人工智能"的转变阶段，受制于现有的环境和技术固有的缺陷，智能算法本身对于复杂环境的整体感知能力较低，而真实的战场环境是复杂多变的，这种复杂性远远超出一个或多个弱人工智能系统的分析能力，人工智能系统可能难以适应，无法看清和预测战争全貌，难以做到完全的安全、可控、可靠，如果在实际运用过程中受到敌方的恶意干扰，易发生对抗样本问题和后门问题等系统事故，[①] 大大增加出错和发生事故的概率。

---

① 杨芸、李雪青：《基于人工智能的智能化战争形态发展研究》，《国防科技》2023年第1期。

此外，智能算法的实现需要大量的样本数据进行模拟演练，而在非战争环境下，很难搜集到完全符合战场实际环境的数据，算法模型内部容易出现漏洞，在战场上出现计算结果与实际脱节的现象。

另一方面，外部环境的改变也会导致非预期事故的发生。例如，人工智能的军事应用高度依赖电力、通信和网络，但战场上更加难以保证电力、通信和网络不出现意外事故。尤其需要重视的是，现有军事系统在设计之初并不是人工智能系统，当前的军事智能化建设是在原有体系的基础上加入人工智能技术，而不是构建一个全新的体系。因此，新功能和原有体系的有效融合是影响军事效果的重要因素，单兵作战系统等个体装备组网运行时，可能会产生各种各样的情况，比如人工智能与武器系统结合产生的致命性自主武器可能发生误判，带来极大的不稳定性和风险。此外，人工智能技术的全球扩散也可能会催生新的威胁军事安全的技术和手段，改变原有的国际格局和战场环境，类似于黑客入侵美国国家安全局的网络武器库，窃取部分数据并被黑客开发为勒索病毒的案例也有可能在人工智能武器领域重现。[1]

---

[1] 封帅、鲁传颖：《人工智能时代的国家安全：风险与治理》，《信息安全与通信保密》2018年第10期。

八　积极应对人工智能的风险与挑战

（一）健全人工智能风险系统治理

无论人工智能的冲击是否可能造成"社会秩序海啸"，考虑到技术与经济社会共生的复杂性，任何国家都不应忽略问题的严肃性。当前中国《新一代人工智能伦理规范》、美国《关于安全、有保障和可信的人工智能的行政命令》、欧盟《关于可信人工智能的伦理准则》和《布莱奇利人工智能宣言》等，都已将可信人工智能纳入监管的核心原则，但这些治理都侧重于伦理监管。事实上，伦理风险仅是人工智能挑战的一部分，还涉及经济、社会、政治等诸多领域，且技术快速迭代，风险形式变化多端，必须改变分散的碎片化管理模式，统筹发展与安全，统筹设计人工智能治理体制，构建系统管理框架，发展安全可信的人工智能。

首先，制定风险系统管理框架。不同国家在不同发展阶段下发展的任务和面临的挑战不同，对文明、风险和国家安全的认识不同，人工智能系统治理首先必须制定符合国情的风险系统管理框架。结合中国对文明、风险和国家安全的认识及新时代高质量发展面临的新任务新挑战，借鉴欧盟《人工智能法案》和《美国人工智能风险管理框架》，在《生成式人工智能服务管理暂行办法》的基础上，必须制定具有中国特色社会主义的人工智能风险管理框架，按照统筹发展与安全的基本原则，建立跨部门的人工智能监管机构和风险监管机制。同时，按照分级分类的基本原则，对人工智能系统及可能的风险进行分类分级，明确对应的应用场景和监管治理措施，明确风险评估的基本原则与方法，规划制定风险事件响应机制和风险应对措施。

其次，健全全生命周期风险系统管理。根据人工智能研究开发、创新扩散和应用链条长、涉及面广等特点，必须建立覆盖从人工智能系统设计、研发、预训练、评估、注册到应用和应用监测、评估的全过程，覆盖从数据、算法、模型、技术文件到日志记录和评估监测等要素清单的全部内容，确保能预先识别和分析已知和可预见风险，及时发现和评估注册上市使用后的风险，并根据风险源采取相应风险管理措施，最大范围、最大限度保障人工智能系统在全生命周期的准确性、鲁棒性、透明性和可追溯性。

再次，探索风险双层管理体制。政府部门和人工智能企业应该是预防和应对人工智能风险挑战的两个最主要责任主体，风险管理体制和任何风险管理措施都必须落实到政府监管部门和企业的主体责任。统筹发展与安全，意味着既要企业履行风险防范的主体责任，也要发挥企业创新的积极性和能动性。风险不同，风险程度也不同。因此，对风险分类分级管理意味着对企业分级分类监管，对一般风险或低风险活动实施自愿行为准则，包括自主实施风险管理和自愿实施风险报告，对高风险活动则实施强制行为准则。

最后，探索实施人工智能监管沙盒。人工智能是重大革命性创新，机遇远大于风险，不能因为存在风险就因噎废食。与其他技术相比，人工智能技术创新更有可能通过实验和试错来验证某些类型的预知和未知风险，因此可以借鉴金融科技的监管沙盒模式设计和实施人工智能监管沙盒，即在人工智能系统注册上市前，选择合适地区、合适时间和合适行业领域，在相对受控环境下，用尽可能真实环境测试和验证人工智能产品或服务的安全性和风险程度。

（二）积极弘扬和实践智能向善

让科技成为发展利器而非发展威胁，让技术进步成为推动人类文明进步的根本力量，关键是要坚持科技向善的发展理念，遵循"让科技为人类造福"的价值立场，[①] 在遵循科技活动规律的基础上，防患于未然，预先研判和防范重大科技创新及其应用的潜在规则冲突、社会风险和伦理挑战。在新一轮科技革命和产业变革中，生物技术和数字技术等对人类生产生活的颠覆性影响日益显现，推动科技向善、促进负责任创新的问题尤为重要。从以处理文本为主的 ChatGPT 到可以理解文本生成视频的 Sora，从近期生成式人工智能的快速创新和巨大影响来看，人工智能不仅是颠覆传统的生产方式和产业体系，而且已经开始冲击传统理论价值体系和人的主体性构成。因此，坚持"以人为本"，推动"智能向善"，发展负责任的人工智能，确保人工智能始终朝着有利于人类文明进步的方向发展，不仅是当前关系人工智能创新发展的紧迫问题和关键问题，而且对全人类的文明发展同样极为重要。

[①] 臧建业、周师：《让科技为人类造福的理论内涵、价值意蕴和实践路径》，《领导科学论坛》2024 年第 1 期。

首先,树立"智能向善"的价值取向。无论是政府还是人工智能企业,都必须将"向善"作为发展人工智能的基本价值原则,把"善"放在首位,以和平、发展、公平、正义、民主、自由等全人类现有的价值取向和伦理规范为标准,符合人类文明进步方向,为人工智能确立合乎人性和人类基本价值共识的发展目标,[①] 如以人类的根本利益为中心,尊重个体自由发展和生命安全,保障人际公平正义,防范和打击对人工智能技术的恶用滥用,慎重发展和使用军事人工智能,促进人工智造福于最广大人民,促进公平公正的社会秩序,保护个体隐私和安全,为全人类的共同价值而推动人工智能创新发展。

其次,强化人工智能企业的责任担当。人工智能企业站在推动"智能向善"的最前线,是实现"智能向善"的第一责任人,必须具有落实"智能向善"的责任担当,包括企业本身要基于"善"建立价值取向、发展远景和企业文化,制定"善"的道德守则和"作恶"的惩罚制度规范企业行为,尤其是为人工智能系统开发确立合乎人性的发展目标,重视价值观对齐;构建标准约束算法模型,在研发、训练、试验、推广和应用等全链条各环节中规范数据采集和使用,

---

[①] 李志祥:《伦理学视域下的人工智能发展》,《光明日报》2024年2月19日第15版。

尊重个体隐私和合法权益；严格守法，建立风险识别和跟踪机制，保守不损害人类根本利益的伦理底线，支持利用人工智能支持可持续发展；维护公平竞争，不滥用技术和市场优势。

再次，建立健全人工智能伦理审查和监管机制。根据《关于加强科技伦理治理的意见》《新一代人工智能伦理规范》和《科技伦理审查办法（试行）》，科技部等相关部门应建立国家人工智能科技伦理审查委员会，必要时对国内外大型人工智能系统开展伦理审查，评估和备案企业人工智能伦理审查报告；督促大型人工智能企业、科研院所、高校和协会、学会等应按要求建立包括不同专业背景和外部成员组成的科技伦理审查委员会，并保障委员会独立开展工作。在成立国家人工智能科技伦理审查委员会前，建议委托国家新一代人工智能治理专业委员会开展必要审查、评估和备案工作。

最后，建立多元主体协同合力治理机制。实现"智能向善"，不仅需要人工智能开发和应用企业承担起主体责任，也需要政府、产业链上下游企业和社会广泛参与，构建多元化、协同化、开放化和公正有效的治理机制。相关政府部门要制定完善科技伦理和风险监管体制，依法履行好伦理审查和风险监管职责，并推动在全社会凝聚"智能向善"的共识。产业链上下游企业、相关行业组织、高校和科研所等利益相关方要各司其职各尽其责，推动从开发到应用的不同人工智能产业链主体对话，并努力创造条件让社会公众参与对话，形成共治合力。

（三）法律、管理和技术"三措"并举

近年来人工智能快速发展，各种风险与挑战纷纷涌现。这一方面是新技术新模式新业态创新发展中的必然现象，另一方面也凸显法律规范不健全、管理措施缺失、管理手段应对不力等问题，反映出加强系统应对的必要性和紧迫性。现行《生成式人工智能服务管理暂行办法》和《科技伦理审查》等都是侧重于事前的预防性管理。[①] 鉴于人工智能涉及内容和领域的广泛性、风险挑战的多维性、复杂性和动态性，必须要有事后的惩罚措施和纠错机制，通过将监管要求和责任在法律法规基础上场景化，促进事前规制和预防与事后惩罚和纠错相结合、相促进，同时以强有力的技术手段为支撑，形成法律、管理和技术"三措"并举的立体监管模式，确保人工智能始终处于人类控制之下。

---

① 陈兵：《通用人工智能创新发展带来的风险挑战及其法治应对》，《知识产权》2023年第8期。

一是加快人工智能立法研究和立法应对。针对机器人和人工智能系统的法律主体问题、人工智能生成内容的著作权问题、人工智能系统侵权损害和侵权责任问题、基于数据的隐私保护和人格权问题、数据产权和收益分配权问题、人工智能换人的劳动法问题，以及人工智能医疗和智能交通相关的交通法规等人工智能发展引发的紧迫问题，围绕安全、伦理、风险控制等多重价值目标等加强研究，① 有必要进一步修订完善《中华人民共和国数据安全法》和《中华人民共和国个人信息保护法》，强化数据安全和个人信息安全保护。② 考虑到要避免立法过度超前影响人工智能创新，在达成共识和系统性推进人工智能立法前，有必要借鉴欧盟立法经验，针对交通、医疗、著作权、隐私保护等重点领域，以行政法规、行政条例或部门规章等形式加快立法工作，逐步建立保障人工智能健康发展的法律体系和制度体系。

二是完善数据基础制度和数据安全保障。数据是人工智能发展必不可少的基础资源和战略资源，训练采用的数据规模、内容质量直接影响人工智能系统的精准性和价值观，因此围绕数据资源的竞争日益激烈，

---

① 吴汉东：《人工智能时代的制度安排与法律规制》，《法律科学》（西北政法大学学报）2017 年第 5 期。
② 王兆轩：《生成式人工智能浪潮下公民数字素养提升——基于 ChatGPT 的思考》，《图书馆理论与实践》2023 年第 5 期。

相应地数据采集、加工、流通交易和使用中产生的问题日益增多。一方面，加快建立数据产权制度探索，规范数据合法采集、流通和交易，规范数据安全合规有序跨境流通，加快完善合规有序的数据流通交易制度，建立安全可控的数据要素治理基础制度。另一方面，建立数据分类分级保护和确权授权使用制度，加强对算法模型、参数和基础数据集的保护与管理，建立对应数据不同风险级别的数据安全利用机制，健全形成全链条数据安全监管。

三是加强模型算法监管。算法模型是人工智能系统风险挑战的重要来源和载体。从算法模型结构、算法源头数据集等源头开始建立预防算法歧视、保障算法透明度和可解释性的法律与管理体制机制，重点加强对生物识别、算法推荐等涉及个人隐私保护、算法偏见等的精准监管，强化对算法风险的识别与应对，健全完善对重点人工智能系统算法的备案、审查和问责。

四是建立人工智能"红队"实施机制。借鉴国际相关企业计划和国家标准，加快研究出台国家人工智能"红队"系列标准规范。组织由相关部门，或联合相关企业、大学等建设"红队"实施机构，或由经过认证的第三方人工智能安全实验室，开展大型人工智能系统的自愿和强制伦理、风险和安全等压力测试。

鼓励和引导大型企业建立人工智能"红队"实施机制。

五是加强治理技术保障。紧跟人工智能技术发展，积极发展人工智能监管技术，推动以人工智能技术防范人工智能安全、伦理风险，不断夯实技术支撑，提高治理技术能力。

（四）积极参与和主导国际人工智能治理合作

人工智能治理虽然存在不同国家的"风险偏好"和理念、原则与路径差异，但任何一个国家都不能只根据自身利益设置解决综合性问题、全球性问题的有效监管框架。人工智能发展日益呈现跨国家跨领域的新趋势，人工智能的文明挑战是各国面临的共同课题，需要国际社会共同应对，凝聚共识，携手合作推动建立人工智能治理新体系。

首先，坚持各国人工智能主权独立。文明既具有共同性，也具有多样性。人工智能系统既需要尊重人类文明共同的道德和价值观，也需要尊重不同国家和地区文明的多样性。因此，必须坚持各国人工智能主权独立的原则，既支持人工智能系统的通用性，也支持各国发展和拥有与其语言、历史、文化、常识、习惯、主流价值观和道德规范等相一致的主权人工智能，以及拥有与人工智能主权相关联的数据和产生智能内容的所有权。此外，人工智能深刻影响国家安全，人工智能主权与国家主权密切相关，是国家主权在数字时代的重要内容和体现。坚持各国人工智能主权独立，意味着跨国人工智能系统应尊重各国主权独立，遵守各国法律法规、历史文化、道德规范和主流价值观，不得有意或无意利用人工智能系统损害其他国家的安全。同时，应反对国家以人工智能技术优势和单边强制制裁等措施胁迫和限制他国人工智能发展，支持各国根据自身能力实现人工智能科技自立自强。

其次，推动落实《全球人工智能治理倡议》。《全球人工智能治理倡议》是体现和践行人类命运共同体理念的人工智能治理中国方案，提供了制定国际人工智能治理规则、平衡人工智能发展与治理的参考蓝本，应以倡议为基础，搭建国际人工智能对话交流和治理合作平台，加快研究制定具有全球共识的治理框架、标准规范、伦理指南和技术路线，共同应对人工智能的重大挑战。

再次，积极推动弥合国家"智能鸿沟"。加强面向发展中国家的国家援助，支持发展中国家强化人工智能主权，支持发展中国家利用人工智能加快经济、民生发展和治理能力提升，支持增加发展中国家在国际人工智能治理体系中的代表权和发言权，保障各国人工智能发展和治理的机会平等。各国应共同呼吁和维护全球人工智能供应链产业链畅通，支持和推动真正落实人工智能技术开源，让全球文明共享人工智能创新。

最后，积极参与和支持多边与双边国际治理合作。支持在联合国框架和多边合作框架下成立国际人工智能治理机构，充分发挥联合国等多边合作国际组织在国际人工智能治理中的作用。围绕人工智能供应链、医疗、交通、知识产权、数据跨境流通等重大问题和重点领域，加强与美国和欧盟等人工智能领先国家和地区之间的交流对话和国际治理合作。

（五）努力提高全民数字素养与技能

数字素养与技能是公民在数字时代生产生活需具备的"数字获取、制作、使用、评价、交互、分享、创新、安全保障、伦理道德等一系列素质与能力的集合"[1]，联合国教科文组织也将数字素养定义为：通过数字技术安全且适当地访问、管理、理解、整合、交流、评估和创建信息，以促进就业、体面工作和创业的能力。技术进步与人适应和利用技术的能力进步相

---

[1] 中国网信网：《提升全民数字素养与技能行动纲要》，https://www.cac.gov.cn/2021-11/05/c_1637708867754305.htm。

匹配的水平直接影响社会"繁荣"或社会"痛苦"①。任何人工智能系统最终都是要为公民个体提供直接或间接的服务。显然，人工智能对文明的冲击程度既与企业自律、政府监管等人工智能治理密切相关，也与公民数字素养与技能密切相关。提升公民数字素养与技能是培养数字人才，提升数字能力，应对就业冲击，弥合"智能鸿沟"，促进包容发展，减少网络欺诈和非法数据采集等活动，营造健康网络空间的必要之举和关键举措。

首先，加强重点对象、重点领域工作。面向潜在人工智能人才，易受深度造假、网络诈骗和社交媒体影响人群，易受人工智能冲击就业人群，如高校师生、青少年、老年人、农村居民和农民工等群体，针对性加强宣传教育和培训，提升人工智能知识和技能，引导树立正确价值观和道德观，提高信息辨识能力、保护个人数据和隐私的个体数字安全能力，以及对网络游戏、短视频和社交媒体的防沉迷能力。

其次，创新宣传教育引导方式。组织大型人工智能企业和互联网企业通过社交媒体、短视频和新闻网站等群众喜闻乐见的形式加强人工智能等数字知识、技能和典型风险、侵权违法案例等宣传，针对性开展

---

① ［美］克劳迪娅·戈尔丁、［美］劳伦斯·F. 卡茨：《教育和技术的赛跑》，贾拥民、傅瑞蓉译，上海人民出版社2023年版，第83页。

人工智能进学校、进社区助学助老助残等活动，宣传推广智慧家庭、智慧社区和数字生活等新知识新应用场景。政府主导，协同社会力量参与，线上线下结合，在再就业和再教育中丰富人工智能等数字技能培训，提高农民工、大学生、产业工人和新兴职业群体的人工智能知识、生产能力和创新创业能力。

最后，加强优质数字资源供给。针对人工智能的新发展，国家相关部门和地方要根据宣传教育培训需要，及时创新推出直播课、短视频、动画和虚拟现实等新型数字资源。鼓励和引导学校、大型人工智能企业和专业培训机构等承担社会责任，向社会提供优质免费人工智能教育资源，传递科学的人工智能知识。

参考文献

［澳］Michael Negnevitsky：《人工智能：智能系统指南》（原书第 3 版），陈薇等译，机械工业出版社 2012 年版。

［法］拉·梅特里：《人是机器》，顾寿观译，商务印书馆 1959 年版。

［美］阿尔温·托夫勒、［美］海蒂·托夫勒：《创造一个新的文明——第三次浪潮的政治》，陈峰译，生活·读书·新知上海三联书店 1996 年版。

［美］克劳迪娅·戈尔丁、［美］劳伦斯·F. 卡茨：《教育和技术的赛跑》，贾拥民、傅瑞蓉译，上海人民出版社 2023 年版。

［美］刘易斯·芒福德：《技术与文明》，陈允明、王克仁、李华山译，中国建筑工业出版社 2009 年版。

［美］王维嘉：《暗知识：机器认知如何颠覆商业和社会》，中信出版集团 2019 年版。

[日] 福泽谕吉：《文明论概略》，北京编译社译，商务印书馆 1998 年版。

白云婷：《利用人工智能实施犯罪的类型及完善建议刍议》，《法制博览》2023 年第 3 期。

柏娜、范松梅、刘晴：《新形势下我国农业的对外援助》，《农业经济》2021 年第 9 期。

包大为：《卢梭、马克思与我们：科学与文明形态之辩》，《中国矿业大学学报》（社会科学版）2023 年第 1 期。

蔡跃洲、陈楠：《新技术革命下人工智能与高质量增长、高质量就业》，《数量经济技术经济研究》2019 年第 5 期。

曹静、周亚林：《人工智能对经济的影响研究进展》，《经济学动态》2018 年第 1 期。

陈兵：《通用人工智能创新发展带来的风险挑战及其法治应对》，《知识产权》2023 年第 8 期。

陈东、秦子洋：《人工智能与包容性增长——来自全球工业机器人使用的证据》，《经济研究》2022 年第 4 期。

陈凤仙：《人工智能发展水平测度方法研究进展》，《经济学动态》2022 年第 2 期。

陈胤默、王喆、张明等：《全球数字经济发展能降低收入不平等吗？》，《世界经济研究》2022 年第 12 期。

陈永伟、曾昭睿：《"第二次机器革命"的经济后果：增长、就业和分配》，《学习与探索》2019年第2期。

程承坪、彭欢：《人工智能影响就业的机理及中国对策》，《中国软科学》2018年第10期。

程虹、陈文津、李唐：《机器人在中国：现状、未来与影响——来自中国企业—劳动力匹配调查（CEES）的经验证据》，《宏观质量研究》2018年第3期。

董建：《标准化引领人工智能产业发展》，《信息技术与标准化》2018年第6期。

杜骏飞：《定义"智能鸿沟"》，《当代传播》2020年第5期。

杜严勇：《论机器人权利》，《哲学动态》2015年第8期。

端利涛、吕本富：《在线购物是否存在"反戴蒙德悖论"现象？》，《管理评论》2022年第9期。

段伟文：《前沿科技的深层次伦理风险及其应对》，《人民论坛·学术前沿》2024年第1期。

封帅：《人工智能技术与全球政治安全挑战》，《信息安全与通信保密》2021年第5期。

封帅、鲁传颖：《人工智能时代的国家安全：风险与治理》，《信息安全与通信保密》2018年第10期。

甘绍平：《机器人怎么可能拥有权利》，《伦理学研究》2017年第3期。

郭凯明、向风帆：《人工智能技术和工资收入差距》，《产业经济评论》2021年第6期。

郭艳冰、胡立君：《人工智能、人力资本对产业结构升级的影响研究——来自中国30个省份的经验证据》，《软科学》2022年第5期。

韩孝成：《科学面临危机——现代科技的人文反思》，中国社会科学出版社2005年版。

何小钢、梁权熙、王善骝：《信息技术、劳动力结构与企业生产率——破解"信息技术生产率悖论"之谜》，《管理世界》2019年第9期。

胡鞍钢、周绍杰：《新的全球贫富差距：日益扩大的"数字鸿沟"》，《中国社会科学》2002年第3期。

胡键：《算法治理及其伦理》，《行政论坛》2021年第4期。

姜国睿、陈晖、王姝歆：《人工智能的发展历程与研究初探》，《计算机时代》2020年第9期。

李桂花：《论马克思恩格斯的科技异化思想》，《科学技术与辩证法》2005年第6期。

李曦晨、张明：《全球收入分配不平等：周期演进、驱动因素和潜在影响》，《经济社会体制比较》2023年第4期。

李小云：《中国援非的历史经验与微观实践》，《文化纵横》2017年第2期。

李志祥:《伦理学视域下的人工智能发展》,《光明日报》2024年2月19日。

梁迎丽:《人工智能的理论演进、范式转换及其教育意涵》,《高教探索》2020年第9期。

林冬梅、郑金贵:《中国农业技术对外援助可持续发展:内涵、分析框架与评价》,《海南大学学报》(人文社会科学版)2022年第1期。

林秀芹、游凯杰:《版权制度应对人工智能创作物的路径选择——以民法孳息理论为视角》,《电子知识产权》2018年第6期。

刘吉、王健刚:《文明与科学——纪念马克思逝世一百周年》,《世界科学》1983年第3期。

刘宪权、房慧颖:《涉人工智能犯罪的类型及刑法应对策略》,《上海法学研究集刊》2019年第3期。

刘湘丽:《人工智能时代的工作变化、能力需求与培养》,《新疆师范大学学报》(哲学社会科学版)2020年第4期。

卢英佳:《网络安全与国际法规则——英国皇家国际事务研究所〈国际法对国家型网络攻击的适用〉报告简析》,《中国信息安全》2020年第6期。

马克·珀迪(Mark Purdy)、邱静、陈笑冰:《埃森哲:人工智能助力中国经济增长》,《机器人产业》2017年第4期。

毛勒堂、董美珍：《对"科技批判"的批判》，《科学技术与辩证法》2003年第2期。

钱忆亲：《2020年下半年网络空间"主权问题"争议、演变与未来》，《中国信息安全》2020年第12期。

任丽梅：《"文化"与"文明"内涵的马克思主义解读与时代要求》，《学术论坛》2016年第8期。

邵长茂：《人工智能立法的基本思路》，《数字法治》2023年第5期。

邵国松：《社交媒体如何影响美国总统竞选》，《人民论坛·学术前沿》2020年第15期。

孙那、鲍一鸣：《生成式人工智能的科技安全风险与防范》，《陕西师范大学学报》（哲学社会科学版）2024年第2期。

汪怀君、汝绪华：《人工智能算法歧视及其治理》，《科学技术哲学研究》2020年第2期。

王菖、柏航、牛轶峰：《自主无人系统的军事应用风险与挑战》，《国防科技》2023年第1期。

王军、常红：《人工智能对劳动力市场影响研究进展》，《经济学动态》2021年第8期。

王林辉、胡晟明、董直庆：《人工智能技术、任务属性与职业可替代风险：来自微观层面的经验证据》，《管理世界》2022年第7期。

王林辉、胡晟明、董直庆：《人工智能技术会诱致劳动收入不平等吗——模型推演与分类评估》,《中国工业经济》2020年第4期。

王寿林:《文明的本质及其基本特征研究》,《天津大学学报》(社会科学版)2023年第3期。

王水兴、刘勇:《智能生产力:一种新质生产力》,《当代经济研究》2024年第1期。

王天恩:《人工智能算法的进化及其伦理效应》,《山西师大学报》(社会科学版)2024年第2期。

王雪原:《人工智能对传统法治体系带来的冲击与挑战》,《河北企业》2019年第6期。

王兆轩:《生成式人工智能浪潮下公民数字素养提升——基于ChatGPT的思考》,《图书馆理论与实践》2023年第5期。

邬晓燕:《论技术范式更替与文明演进的关系——兼论以绿色技术范式引领生态文明建设》,《自然辩证法研究》2016年第1期。

吴汉东:《人工智能时代的制度安排与法律规制》,《法律科学》(西北政法大学学报)2017年第5期。

吴惠:《人工智能生成物定性及权利归属探究》,《武警学院学报》2021年第5期。

肖峰:《人工智能与认识论的哲学互释:从认知分型到演进逻辑》,《中国社会科学》2020年第6期。

谢伟丽、石军伟、张起帆:《人工智能、要素禀赋与制造业高质量发展——来自中国 208 个城市的经验证据》,《经济与管理研究》2023 年第 4 期。

熊娅岚、郎威、郑豪等:《我国人工智能标准化发展现状及对策》,《中国质量与标准导报》2021 年第 6 期。

徐伟呈:《互联网技术驱动下的中国制造业结构优化升级研究》,《产业经济评论（山东大学）》2018 年第 1 期。

杨海蛟、王琦:《论文明与文化》,《学习与探索》2006 年第 1 期。

杨万明、刘贵、林文学等:《〈最高人民法院关于适用《中华人民共和国民法典》合同编通则若干问题的解释〉重点问题解读》,《法律适用》2024 年第 1 期。

杨云霞、陈鑫:《霸权国家互联网平台巨头话语权垄断及我国应对》,《世界社会主义研究》2021 年第 11 期。

杨芸、李雪青:《基于人工智能的智能化战争形态发展研究》,《国防科技》2023 年第 1 期。

喻国明、滕文强、武迪:《价值对齐：AIGC 时代人机信任传播模式的构建路径》,《教育传媒研究》2023 年第 6 期。

袁真富:《人工智能作品的版权归属问题研究》,《科技与出版》2018 年第 7 期。

岳平、苗越：《社会治理：人工智能时代算法偏见的问题与规制》，《上海大学学报》（社会科学版）2021年第6期。

臧建业、周师：《"让科技为人类造福"的理论内涵、价值意蕴和实践路径》，《领导科学论坛》2024年第1期。

张淳艺：《警惕AI招聘夹带就业歧视》，《中国城市报》2023年9月18日。

张鸣年：《"文化"与"文明"内涵索解与界定》，《安徽大学学报》（哲学社会科学版）2003年第7期。

张志安、汤敏：《论算法推荐对主流意识形态传播的影响》，《社会科学战线》2018年第10期。

张志坚、何艺华：《人工智能自主交易行为的私法规制》，《学术探索》2024年第3期。

赵博：《人工智能法律主体地位探究》，《特区经济》2024年第1期。

赵瑞琦：《网络无政府状态的诱因与治理》，《学术界》2023年第12期。

赵严：《计算机技术与人工智能的深度融合研究》，《数字通信世界》2023年第11期。

郑新业、张阳阳、马本等：《全球化与收入不平等：新机制与新证据》，《经济研究》2018年第8期。

周广肃、李力行、孟岭生：《智能化对中国劳动力市场的影响——基于就业广度和强度的分析》，《金融研究》2021 年第 6 期。

朱梦珍、尚斌、荣爽等：《人工智能发展历程及与可靠性融合发展研究》，《电子产品可靠性与环境试验》2023 年第 4 期。

朱琪、刘红英：《人工智能技术变革的收入分配效应研究：前沿进展与综述》，《中国人口科学》2020 年第 2 期。

卓加鹏、仲勇、陆婉清：《人工智能时代的法律问题探讨》，《中国科技资源导刊》2024 年第 1 期。

邹蕾、张先锋：《人工智能及其发展应用》，《信息网络安全》2012 年第 2 期。

李梦鸽：《人工智能的存在论变革及其意义》，硕士学位论文，合肥工业大学，2021 年。

Alexi White Serena：《全球人工智能报告：美国仍领先，AI 公司投资份额 53%（270 亿美元）；中国第二，占比 10%》，https：//new. qq. com/rain/a/20230629A02Y6O00。

IMF："Gen-AI：Artificial Intelligence and the Future of Work"，https：//www. imf. org/-/media/Files/Publications/SDN/2024/English/SDNEA2024001. ashx。

阿里巴巴数据安全研究院：《全球数据跨境流动政策与

中国战略研究报告》，https：//www.secrss.com/articles/13274。

车东伟、顾瑶、杨斐：《军事智能化，外军关注啥》，http：//www.81.cn/jfjbmap/content/2020-06/11/content_263539.htm。

咕噜美国通：《算法也搞种族歧视？Wells Fargo 再遇集体诉讼，贷款算法被控歧视黑人，"人工智能永远无法摆脱偏见"》，https：//www.guruin.com/news/49753。

光明网：《10 分钟被"好友"骗走 430 万元！当心这种新型诈骗》，https：//baijiahao.baidu.com/s?id=1781431192926276714&wfr=spider&for=pc。

何勤：《构建智能人才生态体系，打造世界人工智能人才高地》，https：//theory.gmw.cn/2021-10/21/content_35248230.htm。

红十字国际委员会：《自主武器系统：增强武器关键功能的自主性带来的影响》，https：//www.icrc.org/en/publication/4283-autonomous-weapons-systems。

联合国教科文组织、人工智能国际研究中心："Challenging Systematic Prejudices: An Investigation into Bias Against Women and Girls in Large Language Models"，https://unesdoc.unesco.org/ark:/48223/pf0000388971。

刘影：《数据跨境流动的国际治理》，https://baij

iahao. baidu. com/s？id＝1764985085089316872&wfr＝spider&for＝pc。

每日经济新闻：《技术慢下来，还是治理跟上去？破解AIGC"科林格里奇困境"：用模型监督模型》，https：//baijiahao. baidu. com/s？id＝1786526837765018898&wfr＝spider&for＝pc。

芈金：《专家：人工智能是推动新一轮军事革命的核心驱动力》，http：//military. people. com. cn/n1/2018/1025/c1011-30361045. html。

潘教峰：《新一代人工智能给国家治理带来新机遇（观察者说）》，http：//theory. people. com. cn/n1/2023/1103/c40531-40109350. html。

全球技术地图：《深度伪造技术的风险、挑战及治理》，https：//baijiahao. baidu. com/s？id＝1763868040519693452&wfr＝spider&for＝pc。

人民网：《习近平讲故事：人工智能具有很强的"头雁"效应》，http：//cpc. people. com. cn/n1/2019/0726/c64094-31256975. html。

沈恺、童潇潇、于典、王凌奕：《生成式AI在中国：2万亿美元的经济价值》，https：//www. mckinsey. com. cn。

石纯民、潘政：《无人作战力量加速战争形态演变》，http：//www. 81. cn/gfbmap/content/2022-12/21/content_ 330257. htm。

世界经济论坛：《2023年未来就业报告》，https://www.weforum.org/docs/WEF_Future_of_Jobs_2023_News_Release_CN.pdf。

新华社：《习近平主持中共中央政治局第九次集体学习并讲话》，https://www.gov.cn/xinwen/2018-10/31/content_5336251.htm？allcontent。

张阳：《人工智能之父马文·明斯基逝世 科学界巨星陨落》，https://tech.huanqiu.com/article/9CaKrnJTsDp。

赵忠、孙文凯、葛鹏：《人工智能等自动化偏向型技术进步对我国就业的影响》，http://nads.ruc.edu.cn/upfile/file/20180408135718_480072_46021.pdf。

郑永年大湾区评论：《独思录 | 郑永年：乱世的未来》，https://www.163.com/dy/article/IRO3UNVD0550WCN1.html。

中国网信网：《提升全民数字素养与技能行动纲要》，https://www.cac.gov.cn/2021-11/05/c_1637708867754305.htm。

中国信通院CAICT：《信通院联合中国网络空间研究院发布〈国家数据资源调查报告（2020）〉》，https://www.secrss.com/articles/30809。

Acemoglu, D. and Restrepo, P., "Artificial Intelligence, Atutomation and Work", *NBER Working Paper*, 2018.

Acemoglu, D. and Restrepo, P., "Automation and New

Tasks: How Technology Displaces and Reinstates Labor," *Journal of Economic Perspectives*, Vol. 33, No. 2, 2019.

Acemoglu, D. and Restrepo, P., "Low-Skill and High-Skill Automation", *Journal of Human Capital*, Vol. 12, No. 2, 2018.

Aghion, P. and Howitt, P., "A Model of Growth through Creative Destruction", *Econometrica*, Vol. 60, No. 2, 1992.

An Acrolinx Report, *Building the Future*, 2023.

Autor D., Salomons A., "Is Automation Labor-Displacing? Productivity Growth, Employment, and the Labor share", *NBER Working Paper*, 2018.

Ben Eisenpress, *Catastrophic AI Scenarios*, February 2024.

Bresnahan T. F. and Trajtenberg M., General Purpose Technologies: "Engines of Growth?", *Journal of Econometrics*, Vol. 65, No. 1, 1995.

Bughin J., Seong J., Manyika J., et al., "Notes from the AI frontier: Modeling the impact of AI on the world economy", *McKinsey Global Institute*, Vol. 4, No. 1, 2018.

David Collingridge, *The Social Control of Technology*, 1980.

Duarte, M. and Restuccia, D., "The Role of the Structural Transformation in Aggregate Productivity", *Quarterly Journal of Economics, Vol. 125, No. 1, 2010.

Edith Weiner and Arnold Brown, "Issues for the 1990s", The Futurist, March-April 1986.

Eli Pariser, "The Filter Bubble: What the Internet is Hiding from You", Penguin Press, 2011.

Frey C. B. and Osborne M. A., "The Future of Employment: How Susceptible are Jobs to Computerization", Technological Forecasting and Social Change, Vol. 114, No. 4, 2017.

Future of Life, Pause Giant AI Experiments: An Open Letter, March 2023.

Gartner, 20 Percent of Contact Center Traffic Will Come from Machine Customers by 2026, March 2023.

Graetz G., Michaels G., "Robots at Work", Review of Economics and Statistics, Vol. 100, No. 5, 2018.

Greg Allen, Taniel Chan, Artificial Intelligence and National Security, Intelligence Advanced Research Projects, Activity (IARPA), Belfer Center, Harvard Kennedy School, 2017.

Hendrycks, D. and Mazeika, M., X-risk Analysis for AI Research, 2022.

Holzinger A., Langs G., Denk H., et al., "CA Usability and Explain Ability of Artificial Intelligence Inmedicine", *Wiley Interdisciplinary Reviews: Data Mining and Knowledge Discovery*, Vol. 9, No. 4, 2019.

James Vincent, *Getty Images Sues AI Art Generator Stable Diffusion in the US for Copyright Infringement*, February 2023.

Law N., Woo D., Dela Torre J., et al., *A Global Framework of Reference on Digital Literacy Skills for Indicator*, 2023.

McKinsey&Company, *Mgi-Jobs Lost, Jobsgained: Workforce Transi-Tions in a Time of Automation*, December 2017.

Michaels G., Natraj A., Van Reenen J., "Has ICT Polarized Skill Demand? Evidence from Eleven Countries over Twenty-Five Years", *Review of Economics and Statistics*, Vol. 96, No. 1, 2014.

Mittelstadt, Brent Daniel, Allo, Patrick, Taddeo, Mariarosaria, Wachter, Sandra & Floridi Luciano, "The Ethics of Algorithms: Mapping the Debate", *Big Data & Society*, Vol. 3, No. 2, 2016.

Ünveren B., Durmaz T., Sunal S., "AI Revolution and Coordination Failure: Theory and Evidence", *Journal of Macroeconomics*, Vol. 78, No. 2, 2023. OECD Digital Economy Papers, *OECD Framework for the Classification of AI Systems*, February 2022.

Office of The Chief Economist IP Data Highlights, "Inventing AI: Tracing the Diffusion of Artificial Intelligence with U. S. Patents", https://www.uspto.gov/sites/default/files/documents/OCE-ai-supplementary-materials.pdf.

Ordonez, V. et al., "OpenAI CEO Sam Altman Says AI will Reshape Society, Acknowledges Risks: 'A Little Bit Scared of this' ", *ABC News*, March 2023.

Perez C., *Technological Revolutions and Financial Capital: The Dynamics of Bubbles and Golden Ages*, 2002.

Peters U., "Algorithmic Political Bias in Artificial Intelligence Systems", *Philosophy & Technology*, Vol. 35, No. 2, 2022.

Phil Mcnally and SohailI Inayatullay, *The Right of Robots Technology, Culture and Law in the 21st Century*, Oxford: Butterworth & Co. (Publishers) Ltd., 1988.

Reuters Staff, *Texas Police to Demand Tesla Crash Data as Musk Denies Autopilot Use*, 2021.

Russell S. J. and Norvig P., *Artificial Intelligence a Modern Approach*, London, 2010.

Samantha Murphy Kelly, *AI is not Ready for Primetime*, March 2024.

The Economist, *Artificial Intelligence: The Return of the Machinery Question*, June 2016.

Trajtenberg M., "AI as the Next GPT: A Political-Economy Perspective", *NBER Working Paper*, 2018.

彭绪庶，管理学博士，中国社会科学院数量经济与技术经济研究所信息化与网络经济研究室主任、研究员，中国社会科学院信息化研究中心主任，中国社会科学院大学教授、博士生导师。主要研究方向为数字技术创新、科技创新政策和数字经济等。主持或负责完成"十一五"国家科技支撑计划，国家社会科学基金重大项目、国家发展改革委、世界银行、中日国际合作和中国社会科学院等委托重大研究项目。在《数量经济与技术经济研究》等期刊上公开发表论文30余篇，参与十余项国家规划和政策文件起草工作，多项政策建议获国家领导人批示，多次获中国社会科学院优秀对策信息奖。

端利涛，管理学博士，中国社会科学院数量经济与技术经济研究所副研究员，主要研究领域为信息化、信息技术经济、平台经济和数字经济。在《中国行政管理》《管理评论》《财经问题研究》等期刊上发表论文十余篇，担任《系统工程理论与实践》《管理评论》匿名审稿人，出版独著1部、合著3部，获中国社会科学院优秀对策信息二等奖1项、优秀奖1项。

李一，中国社会科学院大学博士研究生。